西门子工业控制设备工程应用技能实训教程

主　编　沈明新

副主编　李　琦　李应森　徐少川

马　飞　刘　军　李伯群

姜冠杰　戴立红

东北大学出版社

·沈　阳·

图书在版编目（CIP）数据

西门子工业控制设备工程应用技能实训教程／沈明新主编. —沈阳：东北大学出版社，2012.5

ISBN 978-7-5517-0160-0

Ⅰ. ①西… Ⅱ. ①沈… Ⅲ. ①工业设备—自动控制设备—教材 Ⅳ. ①TP332.3

中国版本图书馆 CIP 数据核字（2012）第 109912 号

出 版 者：东北大学出版社
地址：沈阳市和平区文化路 3 号巷 11 号
邮编：110004
电话：024-83687331（市场部） 83680267（社务室）
传真：024-83680180（市场部） 83680265（社务室）
E-mail：neuph@neupress.com
http：//www.neupress.com
印 刷 者：沈阳市奇兴彩色广告印刷有限公司
发 行 者：东北大学出版社
幅面尺寸：170mm×240mm
印 张：10.5
字 数：212 千字
出版时间：2012 年 5 月第 1 版
印刷时间：2012 年 5 月第 1 次印刷
责任编辑：刘乃义 责任校对：文 浩
封面设计：刘江旸 责任出版：唐敏志

ISBN 978-7-5517-0160-0 定 价：22.00 元

前　言

随着国家大力发展工程教育战略目标的确立，高等工科学校教学改革倾向工程教育是必然趋势和内在要求。因此，形势和任务都要求我们必须采取具体措施，对人才培养方案进行适当的改革，针对专业特点积极探索开展现代工程教育的思路和做法，从而增强学生的工程意识和技能。

通过多年的探索，我们发现，在本科生中开展岗位技能培训确实是提高学生工程实践能力的有效途径，针对企业对自动化技术岗位的技能需求，将大学生就业后的岗前技术培训前移至大学阶段毕业前完成，紧密结合工程实际，加快大学与企业在人才培养与需求之间的对接速度。为此我们编写了本实训教程。

本书以市场占有率最高的西门子公司 S7-300/400 可编程控制器工程应用为核心，共分 4 个部分。第一部分，STEP7 编程与应用；第二部分，WinCC 7.0 的应用；第三部分，交直流调速综合培训；第四部分，过程控制综合培训。基本涵盖了自动化技术在工业控制领域的应用。其中，第一部分由李琦、李应森编写；第二部分由马飞、姜冠杰编写；第三部分由刘军、李伯群编写；第四部分由徐少川、戴立红编写。沈明新对全书进行了组织、校核和修改。另外，李应森在本书的编写过程中做了大量工作。

由于作者手中的资料及水平所限，尽管付出了极大的努力，但在编写过程中仍难免有遗漏之处，恳请读者见谅，恳请专家、学者批评指正。

编　者

2012 年 3 月

目　录

第1篇　STEP 7 编程与应用

第2篇 WinCC 7.0 的应用

第3篇　交直流调速综合培训

第4篇　过程控制综合培训

第1篇　STEP 7 编程与应用

第1章　S7-300简介

1.1　S7 系列 PLC 的基本特性

1.1.1　S7-200 系列 PLC

S7-200 示意图如图 1.1 所示。

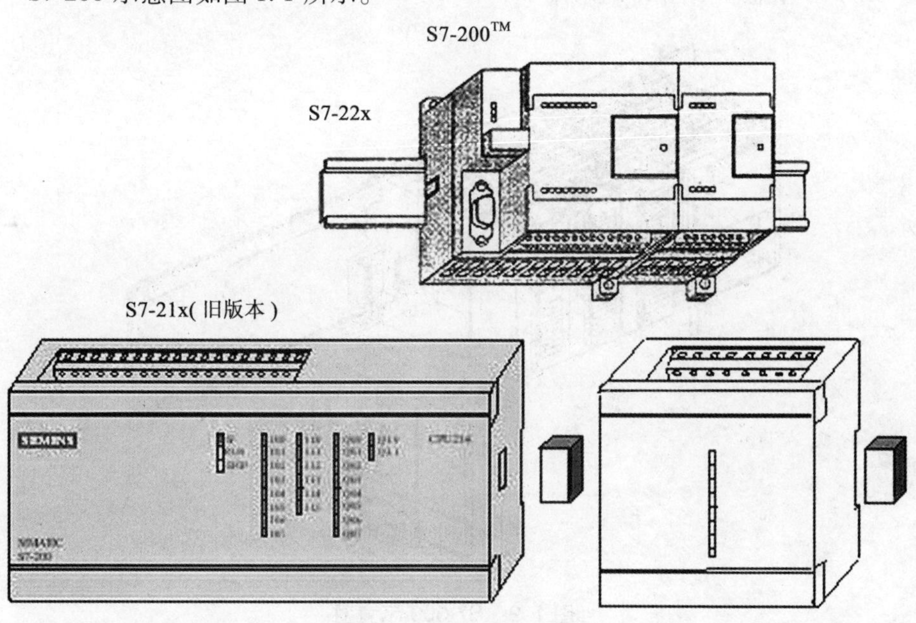

图 1.1　S7-200 示意图

S7-200 系列 PLC 的特性如下:

① 针对低性能要求的模块化小控制系统;

② 不同档次的 CPU(直到 8KB 存储器，CPU 主板上有 8～40 个集成 I/O)；

③ 每种 CPU 既可以使用 24V DC，又可以使用 120～230V AC 供电电压版本；

④ 根据 CPU 的 7 个模块的扩展能力(CPU 210 或 CPU 221 没有)；

⑤ 扩展模块可选择(注意：不能把 S7-21x 系列和 S7-22x 系列的 CPU 与模块组合)；

⑥ CPU 和模块连接通过集成的扁平软电缆(S7-22x 系列)或通过总线连接器(S7-21x 系列)；

⑦ 网络连接——RS 485 通讯接口(CPU 210 没有)；
——PROFIBUS 从站(CPU 215、CPU 222 或以上)；

⑧ 通过 PG/PC 连接访问所有的模块；

⑨ 无插槽限制；

⑩ 使用自己的 S7Micro/WIN32 软件，因此不需要 STEP 7™；

⑪ "Total Package"（主板)带有电源，CPU 和 I/O 的一体化单元设备；

⑫ 用户程序的口令保护为 3 级。

1.1.2 S7-300 系列 PLC

S7-300 示意图如图 1.2 所示。

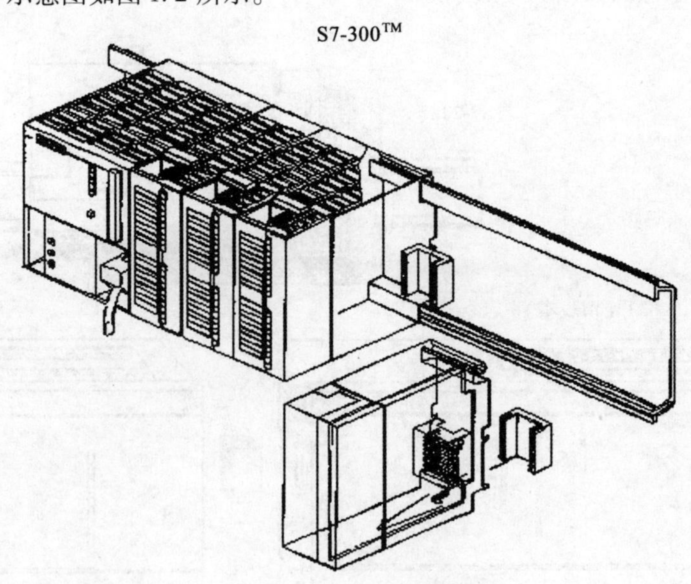

图 1.2 S7-300 示意图

S7-300 系列 PLC 的特性如下：

① 针对低性能要求的模块化中小控制系统；

② 不同档次的 CPU；

③ 可选择不同类型的扩展模块；

④ 可以扩展多达 32 个模块；

⑤ 模块内集成背板总线；

⑥ 网络连接——多点接口（MPI）；

——PROFIBUS 或工业以太网；

⑦ 通过编程器 PG 访问所有的模块；

⑧ 无插槽限制；

⑨ 借助于"HWConfig"工具可以进行组态和设置参数。

1.2　S7-300 PLC 硬件结构及工作原理

1.2.1　基本结构

S7-300 属于模块式 PLC，主要由机架、CPU 模块、信号模块、功能模块、接口模块、通信处理器、电源模块和编程设备组成。S7-300 基本结构图如图 1.3 所示。

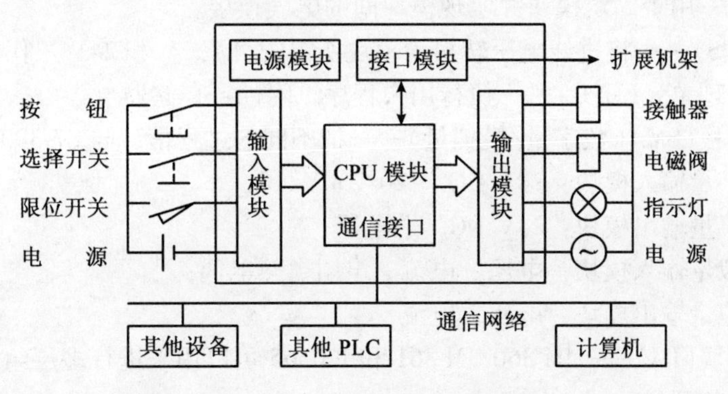

图 1.3　S7-300 基本结构图

1.2.2　PLC 的工作过程

PLC 采用循环执行用户程序的方式。OB1 是用于循环处理的组织块（主程序），它可以调用别的逻辑块，或被中断程序（组织块）中断。

在启动完成后，不断地循环调用 OB1，在 OB1 中可以调用其他逻辑块（FB，SFB，FC 或 SFC）。

循环程序处理过程可以被某些事件中断。

在循环程序处理过程中，CPU 并不直接访问 I/O 模块中的输入地址区和输出地址区，而是访问 CPU 内部的输入/输出过程映像区。批量输入，批量输出。

1.2.3　S7-300 的组件

S7-300 模块图如图 1.4 所示。

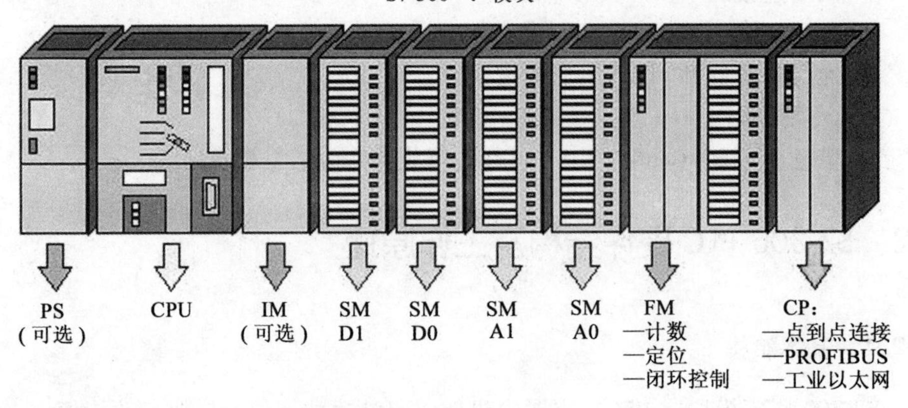

图 1.4　S7-300 模块图

机架——用于固定模块并实现模块间的电气连接。

电源(PS)——将进线电压转换为模块所需的直流 5V 和 24V 工作电压。

中央处理单元(CPU)——执行用户程序。附件：存储器卡。

信号模板(SM)(数字量/模拟量)——把不同的过程信号与 S7-300 适配。

- 数字量输入模块：24V DC，120/230V AC；
- 数字量输出模块：24V DC，继电器；
- 模拟量输入模块：电压、电流、电阻、热电偶；
- 模拟量输出模块：电压、电流。

接口模块(IM)——IM 360/IM 361 和 IM 365 可以用来进行多层组态，它们把总线从一层传到另一层。

占位模块(DM)——DM 370 占位模块为没有设置参数的信号模块保留一个插槽。它也可以用来为以后安装的接口模块保留一个插槽。

功能模块(FM)——执行“特殊功能”：计数、定位、闭环控制。

通讯处理器(CP)——提供以下的联网能力：点到点连接、PROFIBUS、工业以太网。

1.2.4　S7-300 CPU 结构

S7-300 CPU 模块如图 1.5 所示。

S7-300™：CPU 设计

图 1.5 S7-300 CPU 模块

模式选择器 MRES——模块复位功能(Module Reset)。
STOP——停止模式：程序不执行。
RUN——程序执行，编程器只读操作。
RUN-P——程序执行，编程器读写操作。

状态指示器(LED) SF——系统错误：CPU 内部错误或带诊断功能模块错误。
BATF——电池故障：电池不足或不存在。
DC 5V——内部 5V DC 电压指示。
FRCE——至少有一个输入或输出被强制变亮。
RUN——当 CPU 启动时闪烁，在运行模式下常亮。
STOP——在停止模式下常亮，有存储器复位请求时慢速闪烁，正在执行存储器复位时快速闪烁，由于存储器卡插入需要存储器复位时慢速闪烁。

存储器卡——为存储器卡提供一个插槽。当发生断电时，利用存储器卡可以不需要电池就可以保存程序。

电池盒——在前盖下有一个装锂电池的空间，当发生断电时，锂电池用来保存 RAM 中的内容。

MPI 连接——用 MPI 接口连接到编程设备或其他设备。

DP 接口——分布式 I/O 直接连接到 CPU 的接口。

第 2 章　STEP 7 编程软件概述

2.1　STEP 7 软件的安装与启动

安装 STEP 7 对 PG/PC 的要求如表 2.1 所示。

表 2.1　安装 STEP 7 对 PG/PC 的要求

操作系统	Windows(所有的，Win 3.1 和 3.11 除外)			
	95/98	ME	NT	2000/XP
处理器	≥80486	≥P150	≥Pentium	≥P233
RAM	≥32MB	≥64MB	≥32MB	≥128MB
硬盘	根据安装，介于 200 ~ 380MB，加上 128 ~ 256MB 用于 Windows 交换文件			
鼠标	要			
接口	CP 5611(PCI)或 CP 5511/CP 5512(PCM CIA)或 PC 适配器 存储器卡编程适配器(可选)			

(1)安　装

① 在“Winxx → Control Panel”中，通过选择“Add/Remove Programs”启动“Setup. exe”；

② 选择语言(安装之前语言环境改为英语)；

③ 根据提示安装授权盘并根据提示重新启动系统。

(2)启　动

① 通过 Task bar → Start → SIMATIC → STEP 7 → SIMATIC Manager；

② 通过“SIMATIC Manager”图标。

2.2　STEP 7 的硬件接口与项目结构

2.2.1　STEP 7 的硬件接口

STEP 7 的硬件接口为 PC. /MPI 适配器 + RS-232C 通信电缆。

计算机的通信卡 CP 5611(PCI 卡)、CP 5511 或 CP 5512(PCM CIA 卡)将计算机连接到 MPI 或 PROFIBUS 网络。计算机的工业以太网通信卡 CP 1512(PCM CIA

卡)或 CP 1612(PCI 卡)，通过工业以太网实现计算机与 PLC 通信。

2.2.2　项目结构

在项目中，数据以对象形式存储。项目中的对象按树形结构组织(项目层次)。项目窗口中树形结构类似于 Windows 95 资源管理器，只是图标不同。STEP 7 项目结构图如图 2.1 所示。

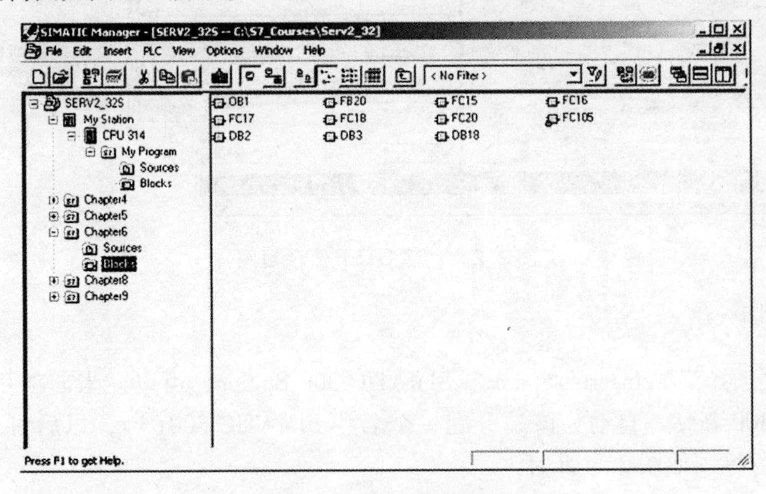

图 2.1　STEP 7 项目结构图

项目层次结构包括如下几级。

① 第 1 级：包含项目图标，每个项目代表和项目存储有关的一个数据结构。

② 第 2 级：

- 站(如 S7-300 站)用于存放硬件组态和模块参数等信息。站是组态硬件的起点。
- S7 程序文件夹是编写程序的起点。所有 S7 系列的软件均存放在 S7 程序文件夹下。它包含程序块文件夹和源文件夹。
- SIMATIC 的网络图标(MPI、PROFIBUS、工业以太网)。

③ 第 3 级和其他级：和上一级对象类型有关。

2.3　STEP 7 编程软件的使用步骤

2.3.1　建立项目

打开 STEP 7 管理器，选择菜单 File → New 或工具条中的图标，打开建立新项目或新库的对话窗。在名称框中输入项目名，然后利用“OK”键确认。创建

STEP 7 项目图如图 2. 2 所示。

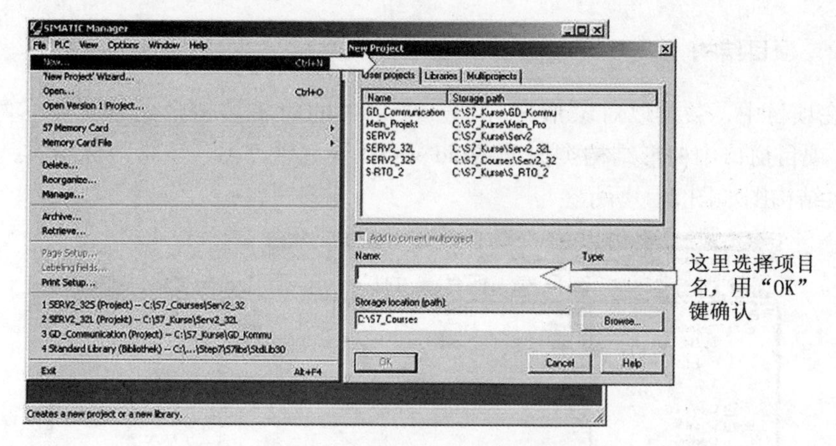

图 2. 2　创建 STEP 7 项目图

2. 3. 2　插入站

通过选择菜单 Insert→Station→SIMATIC 300 Station，可以在当前项目下插入一个 S7-300 新站。自动为该站分配一个名称 SIMATIC 300(1)，以后可以修改。插入 S7 程序图如图 2. 3 所示。

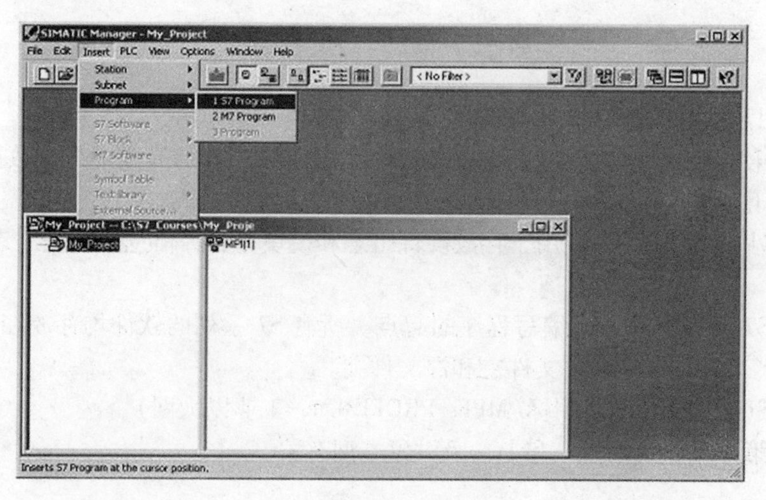

图 2. 3　插入 S7 程序图

2. 3. 3　硬件组态

在 SIMATIC 管理器下选择硬件站，并选择菜单 Edit→ Open Object 或双击硬件对象图标，打开“硬件组态”应用程序窗口，利用它可以从“硬件目录”窗口中插入对象。如果硬件目录没有显示出来，则选择菜单 View→Catalog，显示硬件目录。硬件组态编辑器如图 2.4 所示。

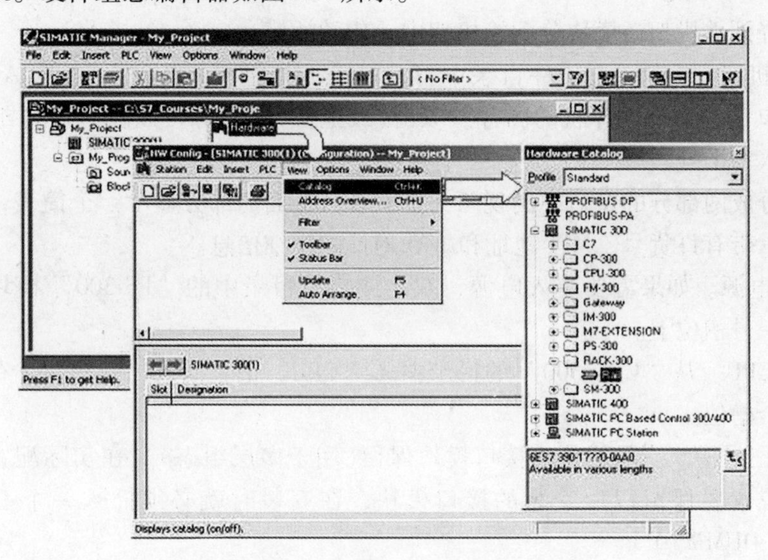

图 2.4　硬件组态编辑器

可增加目录中不包括的 PROFIBUS 从站，使用制造厂商提供的 GSE 文件可以加入从站。GSE 文件包含设备的描述。利用菜单 Options → Install New GSE Files 和 Options → Update Catalog 在硬件目录中插入从站。生成后的硬件组态设定如图 2.5 所示。

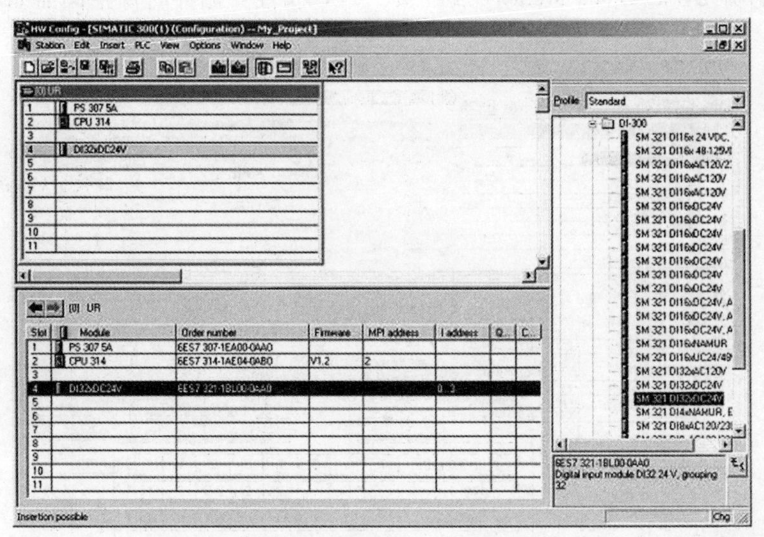

图 2.5　生成后的硬件组态设定

(1)系统组态

选择硬件机架，模块分配给机架中希望的插槽。

① 机架。例如，在硬件目录中打开一个 SIMATIC 300 站，在“RACK-300”目录中包含一个 DIN 导轨的图标。双击(或拖拉)该图标可以在“硬件组态”窗口中插入一个导轨。

在分成两部分的窗口中出现两个机架表：上面的部分显示一个简表，下面的部分显示带有订货号、MPI 地址和 I/O 地址的详细信息。

② 电源。如果需要装入电源，双击或拖拉目录中的“PS-300”模块，放到表中的一号槽位上。

③ CPU。从“CPU-300”的目录中选择 CPU，把它插入二号槽位。有的 CPU 占用多个槽位。

④ 三号槽。三号槽位为接口模块保留(用于多层组态)。在实际配置中，如果这个位置要保留以后安装的接口模块，在安装时就必须插入一个占位模块 DM 370(DUMMY)。

⑤“插入”模块。在接下来的槽位中、从目录中，利用拖拉或双击，可以插入最多信号模块(SM)、通讯处理器(CP)或功能模块(FM)。

(2)CPU 的参数设置

双击组态后的 CPU 或右击组态后的 CPU 后点击 object properties，打开 CPU 属性设置。

① 打开 Cycle/Clock Memory 属性页。CPU 属性：循环时钟存储器如图 2.6 所示。

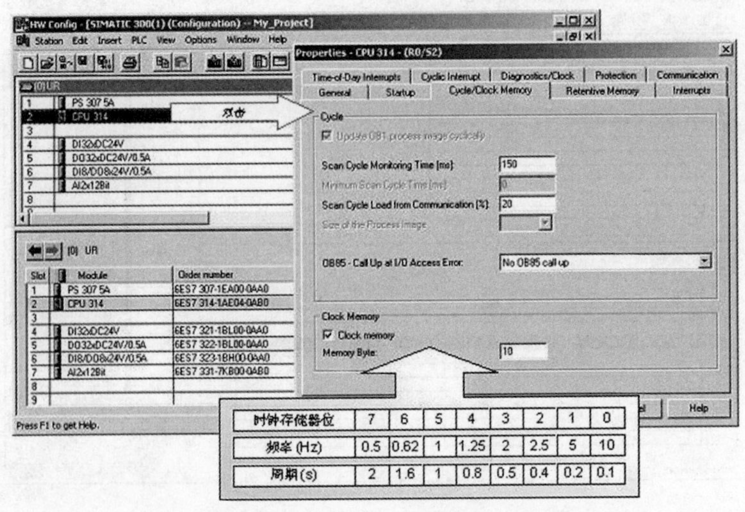

时钟存储器位	7	6	5	4	3	2	1	0
频率(Hz)	0.5	0.62	1	1.25	2	2.5	5	10
周期(s)	2	1.6	1	0.8	0.5	0.4	0.2	0.1

图 2.6　CPU 属性：循环时钟存储器

• 循环扫描监视时间(ms)。如果超过了这个设置时间，CPU 就进入 STOP 模式。超过这个时间的原因是通讯处理、频繁出现中断、CPU 程序中错误。

• 时钟存储器。时钟存储器是周期改变的一些存储器。时钟存储器中的每一位都分配特定的周期/频率。

② 打开 startup(启动)属性页，可设置 CPU 启动方式。

• 暖启动。S7-300™仅识别"暖启动(Warm restart)"。新的 S7-CPU 也识别"冷启动(Cold restart)"。所有的不保持的地址(PII、PIQ、不保持的标志、定时器、计数器)都被复位(被 0 覆盖)并且循环程序从开始处执行。

• 冷启动。冷启动和暖启动的特性相同，除了所有的——甚至保持的——存储器区也被复位。

• 热启动。所有的——甚至不保持的——存储器区都保持它们的内容并且程序从停机的地方开始执行。

图 2.7 为 CPU 属性：启动对话框。

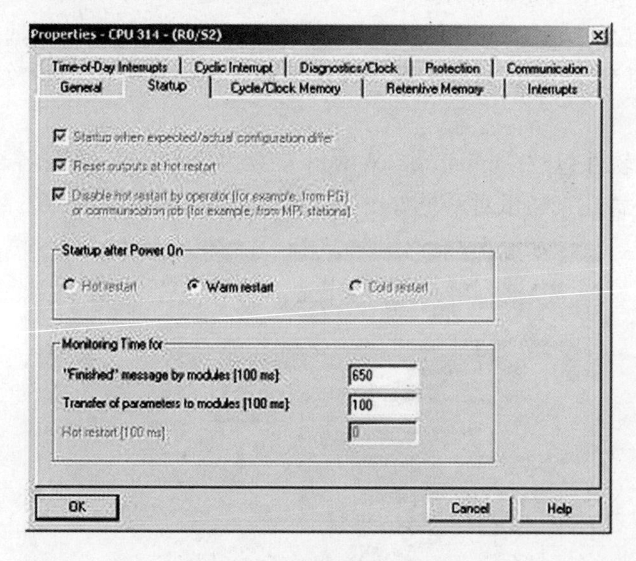

图 2.7　CPU 属性：启动

③ 打开 diagnostics/clock 属性页，可对可编程控制器中的系统诊断记录、故障分析和报告进行系统诊断。例如 CPU 程序中的错误、模块的故障、传感器和执行器的断线。如果不选择"Record cause of CPU STOP"，当 CPU 进入停止模式时，"CPU 信息"中停机原因就不传到编程器。停止的原因记录在诊断缓冲区。

(3)保　存

选择菜单 Station→Save，保存当前项目的当前组态(不产生系统数据块)。

(4)保存并编译

当选择菜单 Station→Save and Compile 或点击工具条中的图标时，就把组态和参数分配保存到系统数据块中。

当组态硬件时，产生并修改系统数据块(SDB)。系统数据块包含组态数据和模板参数，它们下载到 CPU 的工作存储器中。这样就易于更换模块，因为在启动时从系统数据块把参数下载到新模块。如果使用 Flash EPROM 存储器卡，也应在那里保存 SDB。这样，当断电时如果不用后备电池，组态就不丢失。

(5)下　载

选择菜单 PLC→Download 或点击工具条中的图标，就可以把选择的组态下载到 PLC。PLC 必须在“STOP”模式下方可下载。

2.3.4　通信组态

① 网络连接的组态和显示。

② 设置用 MPI 或 PROFIBUS-DP 连接的设备之间的周期性数据传送的参数。

③ 设置用 MPI、PROFIBUS 或工业以太网实现的事件驱动的数据传输，用通信块编程。

打开可选软件包“Configuring Network”（组态网络），进行各个 PLC 机架间的组态。CPU 属性：通讯对话框如图 2.8 所示。

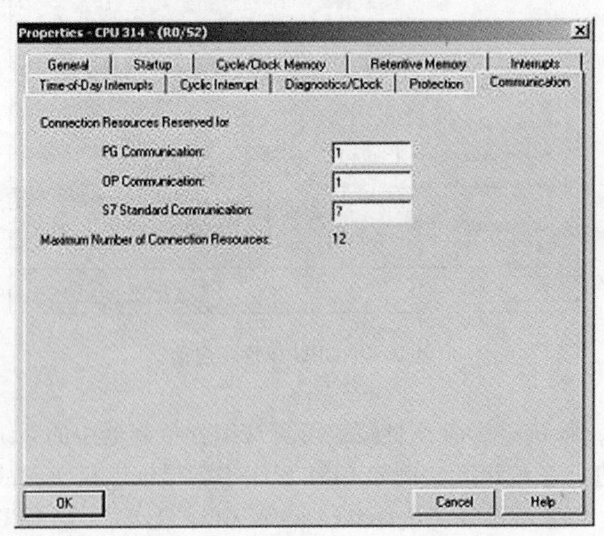

图 2.8　CPU 属性：通讯

2.3.5　编写程序

在 S7Program 下的 Block 下就是程序部分。打开 OB1 既可以在其中编写程序，也可在 Block 下建立一些 FB、FC、DB 块等或是直接调用 SFB 和 SFC 来编写程序。

操作系统处理启动、刷新过程映像表、调用用户程序、处理中断和错误、管理存储区和处理通信等。用户程序包含处理用户特定的自动化任务所需要的所有功能。

用户程序和所需的数据放置在块中，使程序部件标准化、用户程序结构化，可以简化程序组织，使程序易于修改、查错和调试。块结构显著地增加了 PLC 程序的组织透明性、可理解性和易维护性。用户程序中的块如表 2-2 所示。

表 2-2　用户程序中的块

块	简要描述
组织块(OB)	操作系统与用户程序的接口，决定用户程序的结构
系统功能块(SFB)	集成在 CPU 模块中，通过 SFB 调用一些重要的系统功能，有存储区
系统功能(SFC)	集成在 CPU 模块中，通过 SFC 调用一些重要的系统功能，无存储区
功能块(FB)	用户编写的包含经常使用的功能的子程序，有存储区
功能(FC)	用户编写的包含经常使用的功能的子程序，无存储区
背景数据块(DI)	调用 FB 和 SFB 时用于传递参数的数据块，在编译过程中自动生成数据
共享数据块(DB)	存储用户数据的数据区域，供所有的块共享

(1)组织块(OB)

控制扫描循环和中断程序的执行、PLC 的启动和错误处理等。

① OB1 用于循环处理用户程序中的主程序。

② 事件中断处理，需要时才被及时地处理。

③ 中断的优先级，高优先级的 OB 可以中断低优先级的 OB。

(2)临时局域数据

生成逻辑块(OB、FC、FB)时可以声明临时局域(Local)数据。这些数据是临时的局域数据，只能在生成它们的逻辑块内使用。所有的逻辑块都可以使用共享数据块中的共享数据。

(3)功能(FC)

没有固定的存储区的块，其临时变量存储在局域数据堆栈中，功能执行结束后，这些数据就丢失了。用共享数据区来存储那些在功能执行结束后需要保存的数据。

调用功能和功能块时用实参(实际参数)代替形参(形式参数)。形参是实参在逻辑块中的名称，功能不需要背景数据块。功能和功能块用 IN、OUT 和 IN_OUT参数作指针，指向调用它的逻辑块提供的实参。功能可以为调用它的块提供数据类型为 RETURN 的返回值。

(4)功能块(FB)

功能块是用户编写的有自己的存储区(背景数据块)的块，每次调用功能块时，需要提供各种类型的数据功能块，功能块也要返回变量给调用它的块。这些数据以静态变量（STAT）的形式存放在指定的背景数据块（DI）中，临时变量TEMP存储在局域数据堆栈中。

调用FB或SFB时，必须指定DI的编号。在编译FB或SFB时，自动生成背景数据块中的数据。一个功能块可以有多个背景数据块，用于不同的被控对象。

可以在FB的变量声明表中给形参赋初值。如果调用块时没有提供实参，将使用上一次存储在DI中的参数。

（5）数据块

数据块中没有STEP 7的指令，STEP 7按数据生成的顺序自动地为数据块中的变量分配地址。数据块分为共享数据块和背景数据块。

应首先生成功能块，然后生成它的背景数据块。在生成背景数据块时，指明它的类型为背景数据块（Instance）和它的功能块的编号。背景数据块如图2.9所示。

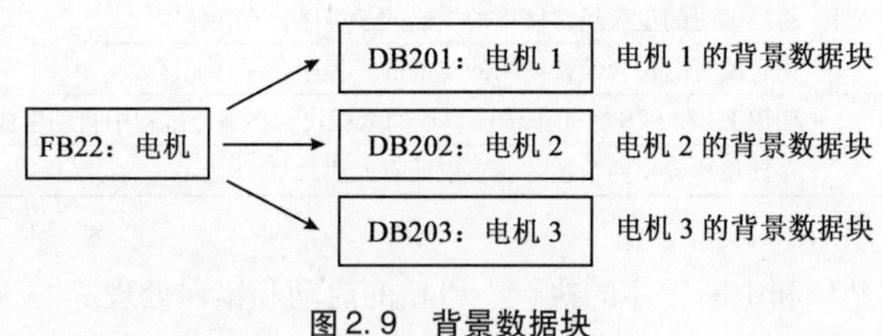

图2.9　背景数据块

（6）系统功能块（SFB）和系统功能（SFC）

系统功能块和系统功能是为用户提供的已经编好程序的块，可以调用，不能修改。系统功能块是操作系统的一部分，不占用户程序空间。SFB有存储功能，其变量保存在指定给它的背景数据块中。

第 3 章 STEP 7 程序设计

3.1 程序结构

程序结构图如图 3. 1 所示。

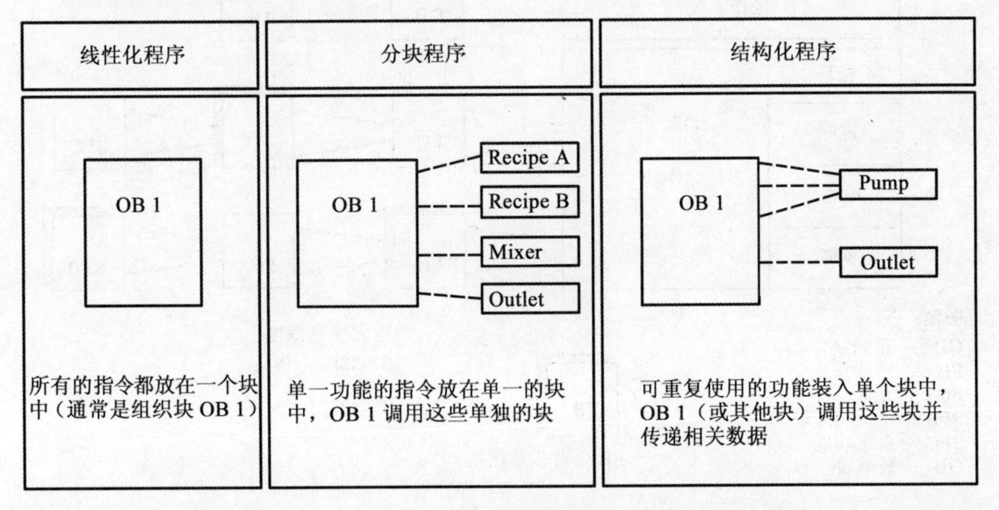

图 3. 1 程序结构图

(1)线性编程

整个程序写在一个连续的程序块中。这种方法和 PLC 所代替的硬接线继电器控制类似，CPU 逐条地处理指令。

(2)分块编程

程序被分成一些块，每块包含处理一部分任务的程序。在一个块中可以进一步分解成段。可以为相同类型的段生成段模板。组织块 OB 1 包含按顺序调用其他块的指令。

(3)结构化编程

结构化程序被分成一些块，组织块 OB 1 包含调用其他块的指令。这些块可分配参数，也可传递参数。这些块以通用的方式进行设计。当调用可分配参数的块时，程序编辑器列出该块局部参数名，参数值在调用块中分配并传送到该功能或功能块。

例如，负责特殊泵控制的程序块称为“泵控制块”，将要控制泵的参数传递给它。“泵控制块”包含泵控制的指令。当“泵控制块”执行结束时，程序返回调用的块(如 OB 1)，继续执行调用块的程序。

3.2 程序块类型

可编程控制器提供各种类型的块，可以存放用户程序和相关数据。根据处理的需要，程序可以由不同的块构成。程序块类型如图 3.2 所示。

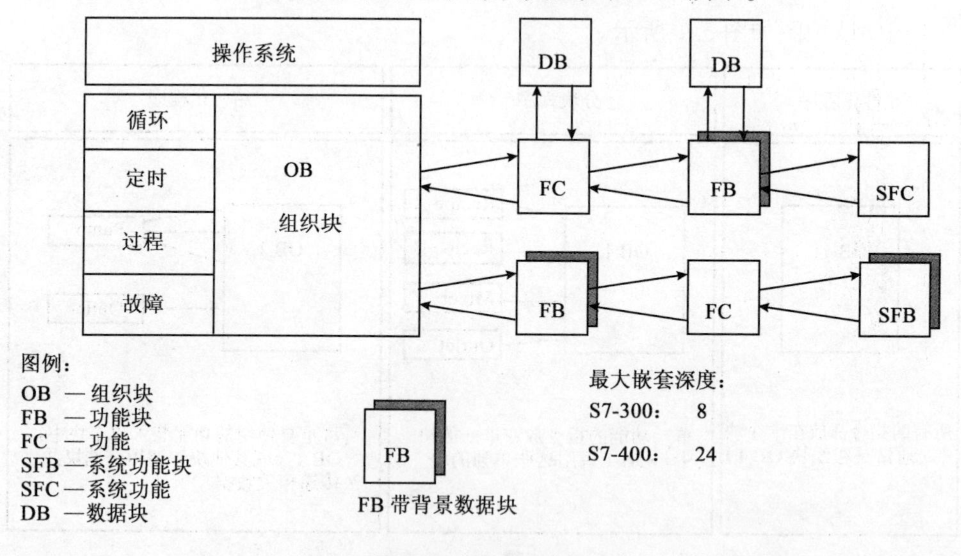

图 3.2 程序块类型

3.2.1 组织块(OB)

组织块(OB)构成了操作系统和用户程序之间的接口。可以把全部程序存在 OB 1 中，让它连续不断地循环处理(线性程序)。也可以把程序放在不同的块中，OB 1 在需要的时候调用这些程序块(结构化程序)。组织块如图 3.3 所示。

(1)组织块概述

组织块概述如图 3.4 所示。

① 启动：当 CPU 上电或操作模式改变为运行状态(通过 CPU 上的模式选择开关或利用 PG)后，在循环程序执行之前，要执行启动程序。OB 100 到 OB 102 就是用于启动程序的组织块。例如，在这些块里可以预置通讯连接。

② 循环的程序执行：需要连续执行的程序存在组织块 OB 1 中。OB 1 中的用户程序执行完毕后，将开始一个新的循环：刷新映像区，然后从 OB 1 的第一条

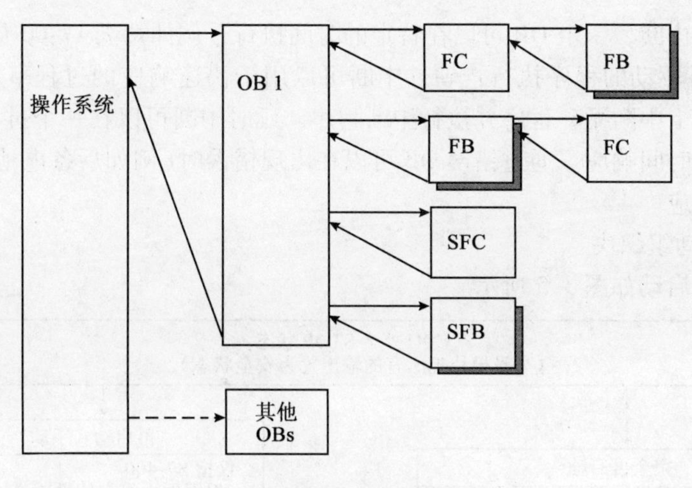

图 3.3　组织块

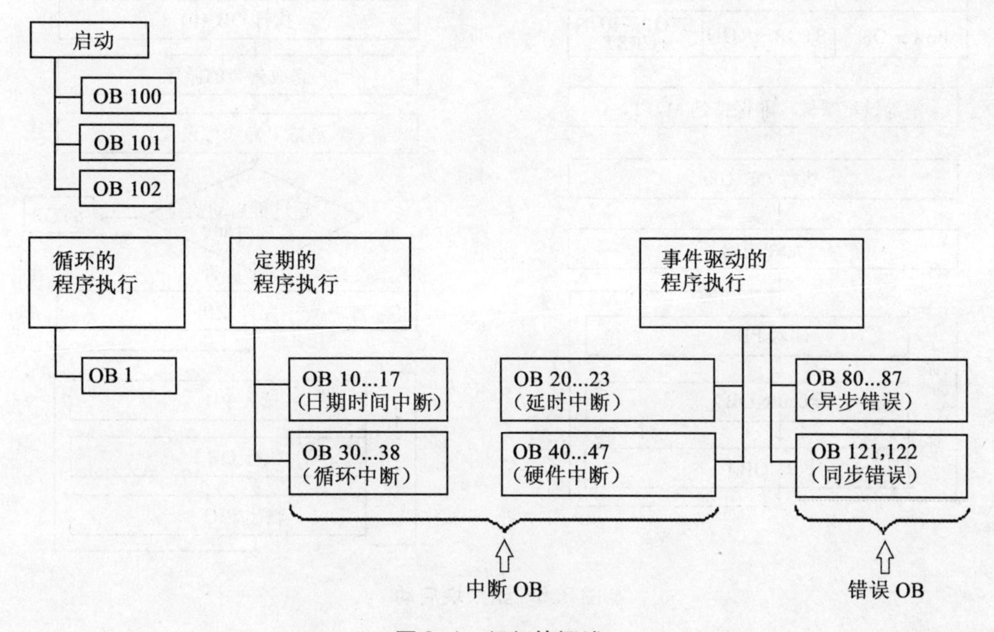

图 3.4　组织块概述

语句开始执行。循环扫描时间和系统响应时间就是由这些操作来决定的。系统响应时间包括 CPU 操作系统总的执行时间和执行所有用户程序的时间。响应时间，也就是当输入信号变化后到输出动作的时间，等于两个扫描周期。

③ 定期的程序执行：定期的程序执行可以根据设定的间隔中断循环的程序执行。通过循环中断，组织块 OB 30 ~ OB 37 可以每隔一段预定的时间(例如 100ms)执行一次。例如，在这些块中可以以它的采样间隔调用闭环控制程序。通

过日期时间中断，一个 OB 可以在特定的时间执行，例如每天 17:00 保存数据。

④ 事件驱动的程序执行：硬件中断可以用于快速响应的过程事件。当事件发生后，马上中断循环程序并执行中断程序。延时中断可以在一个过程事件出现后延时一段时间响应。通过错误 OB 可以在出现错误时(例如后备电池故障)决定系统如何响应。

(2)启动组织块

组织块启动如图 3.5 所示。

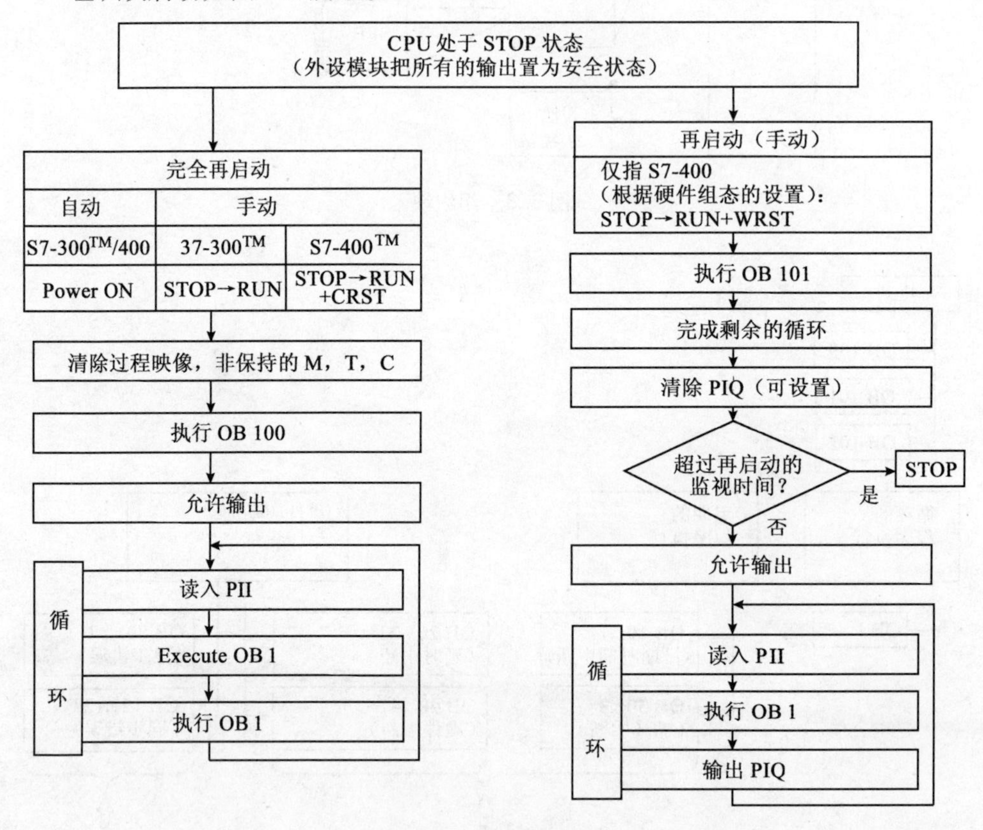

图 3.5　组织块启动

① 完全(暖)再启动：完全再启动的启动类型。启动时，过程映像和不保持的标志存储器、定时器及计数器被清除，保持的标志存储器、定时器和计数器以及数据块的当前值保持(仅当有后备电池，如果使用 EPROM，则需 CPU 的保持特性已赋参数)。OB 100 中的程序执行一次，然后循环程序开始执行。

②(热)再启动：再启动的启动类型。启动时，所有数据(标志存储器、定时器、计数器、过程映像及数据块的当前值)被保持，OB 101 中的程序执行一次，然后程序从断点处(断电，CPU STOP)恢复执行。这个“剩余循环”执行完后，

循环程序开始执行。

③ 冷启动：CPU318-2 和 417-4 还具有冷启动型的启动方式。针对电源故障可以定义这种启动方式。它是通过硬件组态时的 CPU 参数来设置的。冷启动时，所有的过程映像和标志存储器、定时器和计数器被清除(甚至保持的!)，而且数据块的当前值被装载存储器的当前值(即原来下载到 CPU 的数据块)覆盖。OB 102中的程序执行一次，然后循环程序开始执行。

(3) 中断循环程序

中断循环程序如图 3. 6 所示。

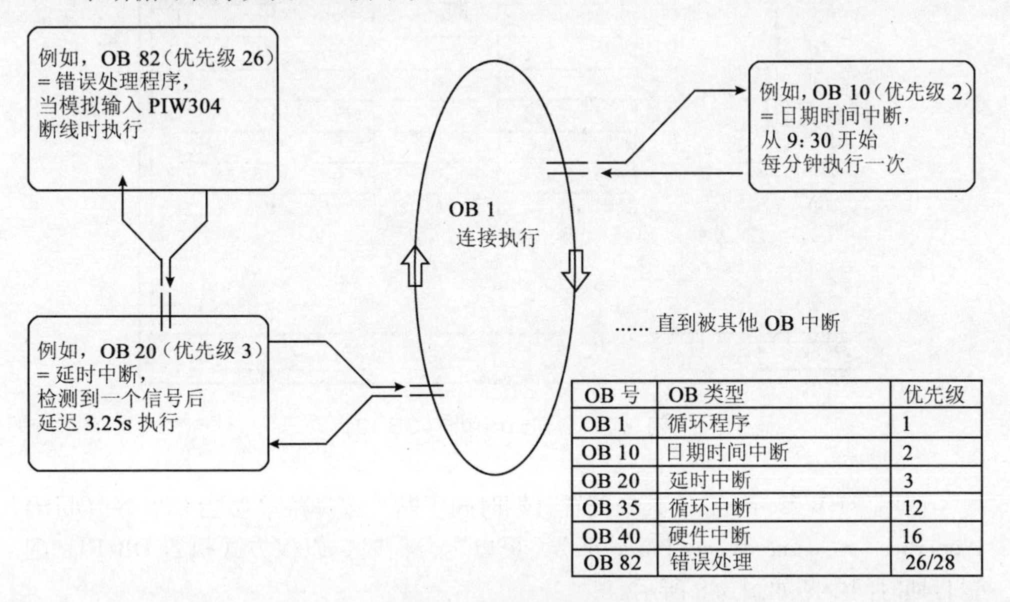
例如，OB 82（优先级 26）
= 错误处理程序，
当模拟输入 PIW304
断线时执行
例如，OB 10（优先级 2）
= 日期时间中断，
从 9: 30 开始
每分钟执行一次
OB 1
连接执行
...... 直到被其他 OB 中断
例如，OB 20（优先级 3）
= 延时中断，
检测到一个信号后
延迟 3.25s 执行

OB 号	OB 类型	优先级
OB 1	循环程序	1
OB 10	日期时间中断	2
OB 20	延时中断	3
OB 35	循环中断	12
OB 40	硬件中断	16
OB 82	错误处理	26/28

图 3. 6　中断循环程序

① OB 调用：组织块(OB)是 CPU 操作系统和用户程序的接口。只有操作系统才能调用组织块。有不同的启动事件(日期时间中断、硬件中断)，分别导致它们对应的组织块启动。

② 中断循环程序：当操作系统调用其他组织块时，循环的程序执行被中断，因为 OB 1 的优先级最低。所以，任何其他的 OB 都可以中断主程序并执行自己的程序，执行完毕后从断点处开始恢复执行 OB 1。当比当前执行的 OB 优先级更高的 OB 被调用时，低优先级的 OB 在当前指令结束后被中断。操作系统为被中断的块保存全部的寄存器堆栈。当返回被中断的块时，寄存器的信息被恢复。

③ 优先级：每个 OB 的程序执行可以在指令边界被优先级更高的事件(OB)中断。优先级从 0 ~ 28 分级，0 为最低优先级，28 为最高优先级。优先级相同的 OB 不互相中断，但一个接一个按它们发生的顺序启动。

(4)日期时间中断

① 日期时间中断：日期时间中断用来或者仅在特定的时间执行一次或者在那个时间周期性地执行 OB 10 调用的程序。日期时间中断(OB 10)如图 3.7 所示。

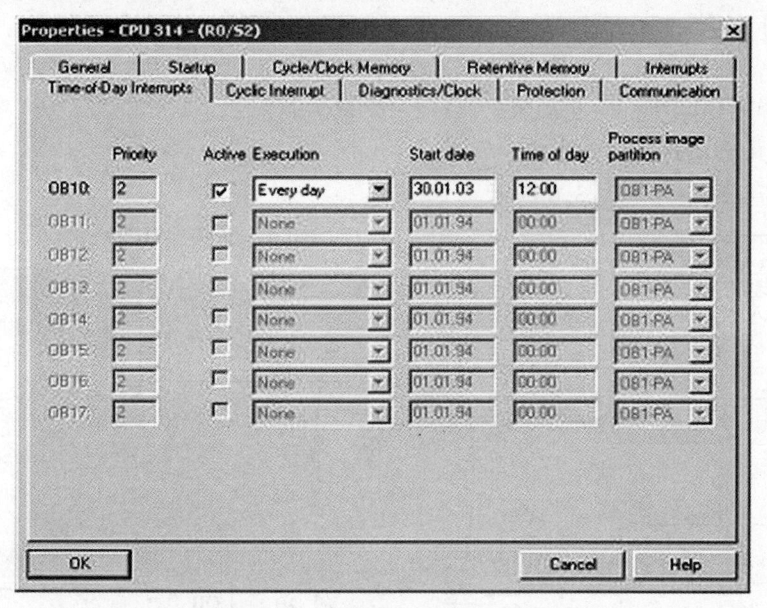

图 3.7　日期时间中断(OB 10)

使用“HW Config”工具来配置日期时间中断。选择菜单功能 CPU → Object Properties →“Time-of-Day Interrupts”，可以定义何时、以何方式执行 OB 10。配置日期时间中断如图 3.8 所示。

② 激活：如果点中“激活”(Active)选项框，在 CPU 每次完全启动后将执行日期时间中断 OB。

说明：日期时间中断可以在程序运行时由系统功能块来控制。可使用下列系统功能块：

- SFC 28“SET_TINT”——设置启动日期、时刻和周期；
- SFC 29“CAN_TINT”——取消日期时间中断；
- SFC 30“ACT_TINT”——激活日期时间中断；
- SFC 31“QRY_TINT”——查询日期时间中断。

(5)循环中断

循环(看门狗)中断用于在一定的间隔执行程序块。在 S7-300 中，循环中断组织块为 OB 35。OB 35 的缺省调用时间为 100ms，可在 1ms ~ 1min 的允许范围内改变。当一个时间控制中断被激活后，应以“启动时刻”为参考点设定中断的时间间隔。每次 CPU 从 STOP 切换为 RUN 的时刻为启动时刻。必须保证所定义

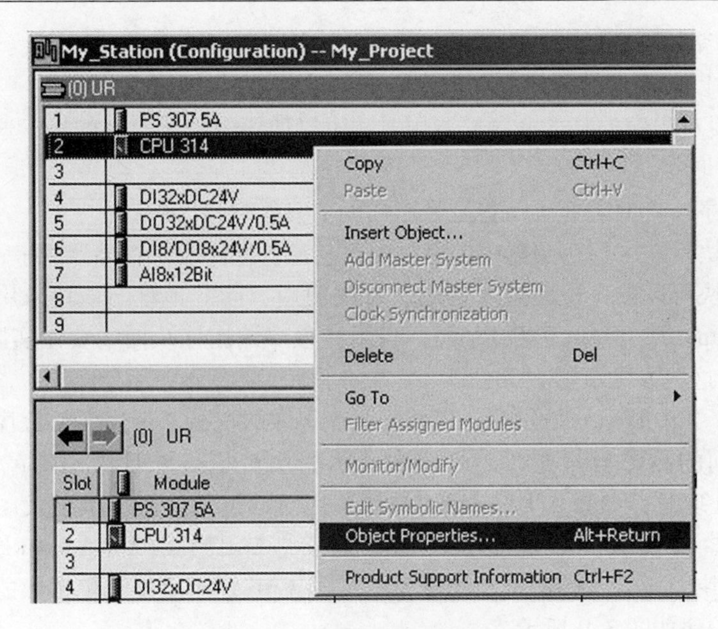

图 3.8　配置日期时间中断

的时间间隔大于组织块中程序的执行时间。操作系统在设定的间隔后调用 OB 35 时，如果上一次执行的 OB 35 仍未结束，则操作系统将调用 OB 80（循环中断错误）。

注：在程序运行时，系统功能不能控制循环中断。

（6）硬件中断

一旦硬件中断事件发生，硬件中断（OB 40）将被执行。硬件中断可以由不同的模块触发，可以在 OB 40 中为硬件中断或为过程控制编程。

（7）延时中断

当某一事件发生后，延时中断组织块（OB 20）可以经过一段规定的延时后执行。OB 20 只能通过调用系统功能 SFC 32（SRT_DINT）而激活，同时还可设置延时时间。

（8）诊断中断：异步错误中断（OB 80，…，OB 87）

异步错误是 PLC 的功能性错误。它们与程序执行不是同步地出现，不能跟踪到程序中的某个具体位置（例如模块的诊断中断）。

3.2.2　功能（FC）

功能（FC）含有程序的部分功能。具有可以编写可分配参数的功能，也适合编写常用的、复杂的部分功能。

系统功能（SFC）是集成在 CPU 操作系统中可分配参数的功能。它们的号码和它们的功能都是固定的。

(1)可以分配参数的块

当需要对程序的某部分频繁调用时，可以使用分配了参数的块，这样做有下列优点：

① 程序只需生成一次，它显著地减少了编程时间；

② 该块只在用户存储器中保存一次，它显著地降低了存储器用量；

③ 该块可以被程序任意次调用，每次使用不同的地址。该块采用形式参数(input，output 或 in/out 参数)编程，当用户程序调用该块时，要用实际地址(实际参数)给这些参数赋值。

在图 3.9 中所示的语句表语言易于跟踪程序的执行。上述 STL 程序代码和前例执行相同的故障显示逻辑。当图中所示的块被执行并且语句“A #Acknowledge”被处理时，参数 Acknowledge 被块调用时给出的实际参数替代。如果输入 I 1.0作为参数 Acknowledge 的实际参数，于是替代了“A #Acknowledge”，在 FC 20程序块中所看到的逻辑语句变为“A　I 1.0”。不可以分配参数的块和可以分配参数的块如图 3.9 所示。

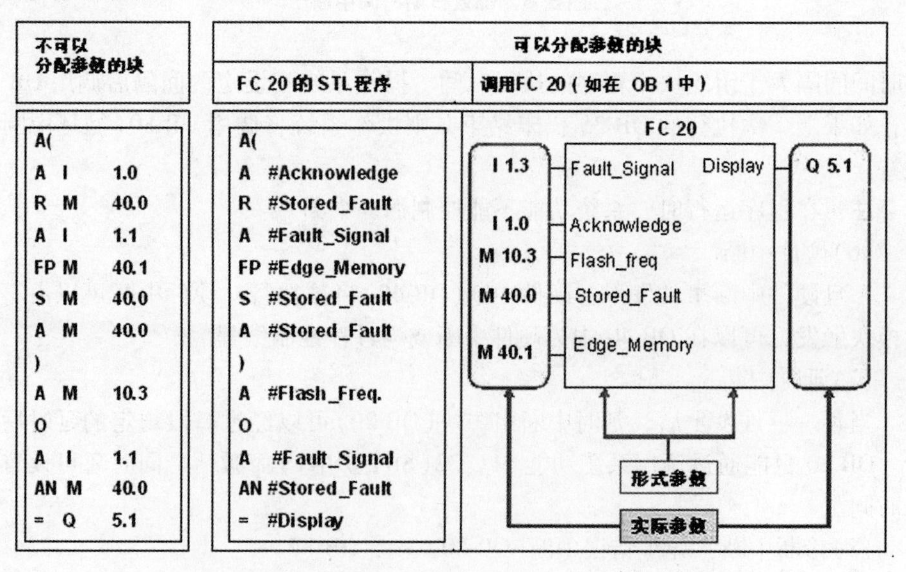

图 3.9　不可以分配参数的块和可以分配参数的块

参数可赋值。用户可以编程 FC 或 FB 块为可分配参数的块。用户不能编程组织块为可分配参数的块，因为它们直接由操作系统调用。由于在用户程序中不出现块调用，因此不可能传送实际参数。

本例中，即使故障显示子程序在控制系统中将被使用两次，也只需用可传递参数的块 FC 20 编程一次。FC 20 被调用两次并且每次被赋值不同的实际地址。

(2)形式参数

对于可传递参数的块，在编写程序之前，必须在变量声明表中定义形式参数。

在表3.1中，可以看到可用于该块的3种不同的参数类型。编程人员需要选择每个形式参数的声明类型。“In”声明类型仅用于在子程序中只被指令读的声明类型。“Out”声明类型仅用于在子程序中只被写的参数。注意，既有读访问(被指令A，O，L查询)又有写访问(由指令S，R，T赋值)的形式参数，必须将它定义为in/out型参数。

表3.1 参数类型

形式参数			
参数类型	定义	使用方法	图形显示
输入参数	In	只能读	在块的左侧
输出参数	Out	只能写	在块的右侧
输入/输出参数	In_Out	可读/可写	在块的左侧

块的接口构成In，Out和In_Out参数。RETURN参数是一个定义的、额外的依据IEC 61131-3有特殊名称的参数。该参数仅存在于FC的接口中。临时变量——尽管它列在“接口”下——也不是块接口的部件，因为当块调用时，它们不可见，即在块调用时没有实际参数传送给它。为声明参数和临时变量，参数或临时变量必须在“接口”中选择(如图3.10所示)。然后，在表右侧，可以编辑名称及数据类型和注释。

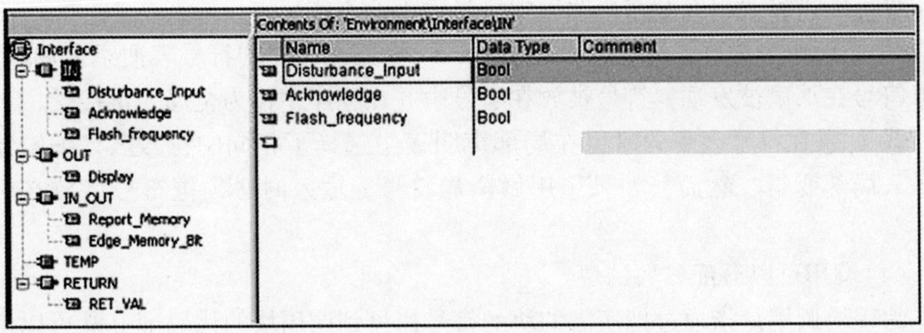

图3.10 定义FC 20形式参数

以FC 20为例。幻灯片下面的部分，可以看到FC 20块“Disturbance_Input”(见图3.10)的声明表即接口。注意，由于形式参数#Report_Memory和#Edge_Memory_Bit在FP指令中既要读又要写，所以它们被定义为In/Out型参数。

注意：一个块声明的形式参数(In，Out和In_Out，不包括TEMP)是它对“外”的接口。也就是说，它们是“可见的”或与其他块有关和调用的块。如果以后通过删除或插入形式参数改变了块的接口，那么必须刷新调用指令。所有调用该块的块都必须刷新。

(3)编辑可以分配参数的块

编辑可以分配参数的块如图 3. 11 所示。

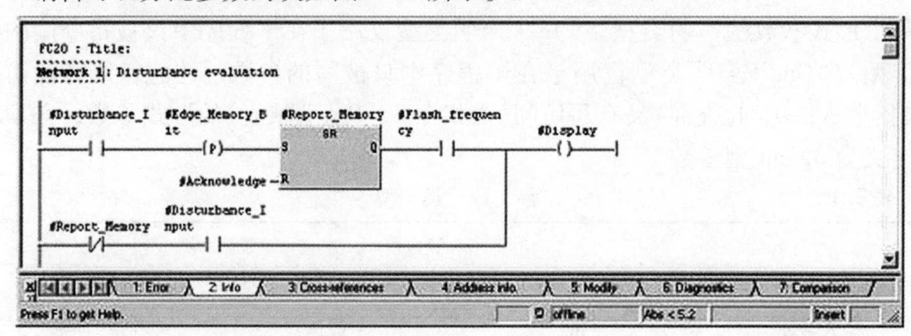

图 3. 11　编辑可以分配参数的块

形式参数的名称是用大写还是小写字母都没关系。PG/PC 自动在名称之前加入“#”字符。该字符用于指示该参数是本块的变量声明表中定义的局部变量。

当以 LAD/FBD 写程序时，有可能名称不能在一行中完全显示。这由如何设定程序编辑器决定(Options→Customize→"LAD/FBD" tab→Address Field Width)。

① 当编辑一个块时，如果使用符号名，编辑器首先搜索块的声明表。如果那里有该符号名，在它之前加上#字符，在程序中作为局部变量接受。大写和小写字母可能被修改以匹配在声明表中符号输入的方式。

② 如果作为局部变量符号没被发现，编辑器在程序的符号表搜索全局符号。如果符号在那里被发现，符号被放在引号中并在程序中作为全局变量接受。

③ 如果在符号表中同时也在局部声明表中选择了相同的符号名，编辑器总是插入局部变量。然而，如果想用做全局符号，输入时必须把符号名放在引号中。

(4)调用可以分配参数的块

编程块调用是指通过把所需的块的符号拷贝到调用块的代码部分既可以编程又可分配参数的块的调用。因此，拖拽法很好用。在 LAD/FBD 编辑器中的“Program Elements”浏览器的“FC Blocks”或“FB Blocks”文件夹找到该符号。被调用的块的形式参数端上自动显示问号，应在此处输入实际参数。

当调用可分配参数的功能(FC)时，实际参数必须传送给每一个形式参数。调用可以分配参数的块如图 3. 12 所示。

在图形编程语言 LAD 和 FBD，EN 和 ENO 参数的赋值由编辑器自动加入，是可选的。这里不讨论形式参数，而是条件块调用的可能性。

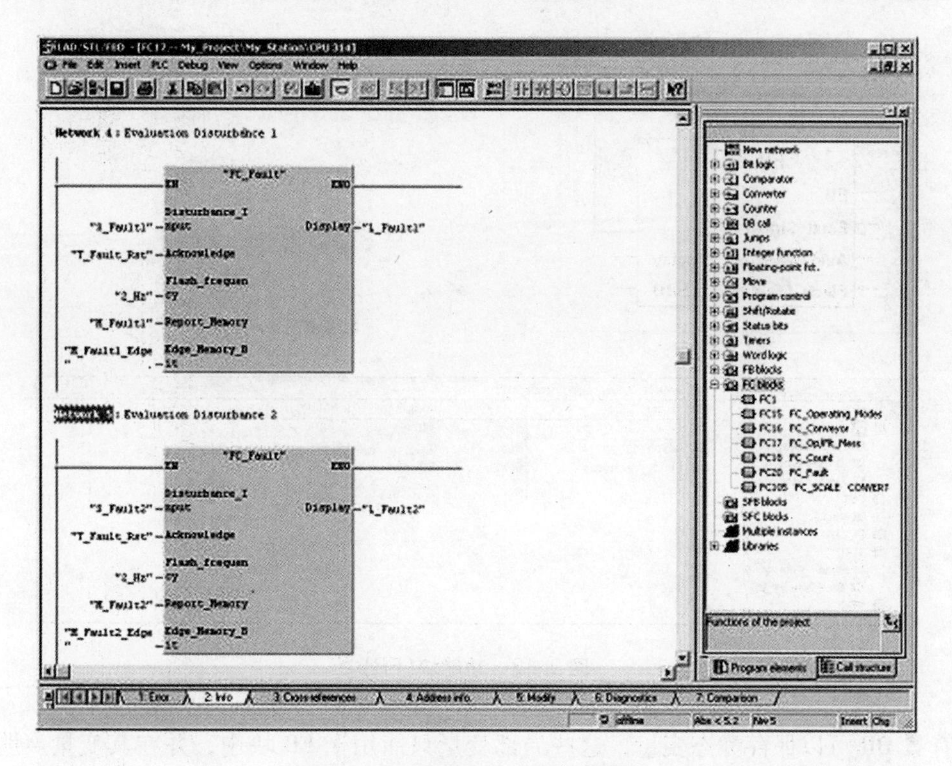

图 3.12　调用可以分配参数的块

① 参数赋值：所有的数据类型对应被调用块的形式参数的全局和局部地址，可以作为实际参数被传送。被传送的实际参数是通过绝对地址或通过符号名对应全局符号表中或调用块的声明表中的。

② 参数传送：通常，参数的传送也是可能的。也就是说，调用块的形式参数作为实际参数传送到被调用块。

3.2.3　功能块(FB)

功能块提供和功能相同的可能性，同时，功能块有背景数据块形式的自己的存储器，因此，功能块也适合编写常用的、复杂的功能，例如闭环控制任务。

系统功能块(SFB)是集成在 CPU 操作系统中可分配参数的功能。它们的号码和它们的功能都是固定的。

(1)FB 块

功能块(FB)如图 3.13 所示。

① FB 块的特点：与功能(FC)不同，功能块(FB)带有(调用)一个存储区。也就是说，有一个局部数据块被分配给功能块，它被称为背景数据块(Instance Data Block)。当调用 FB 时，必须指定背景 DB 的号码，该数据块会自动打开。

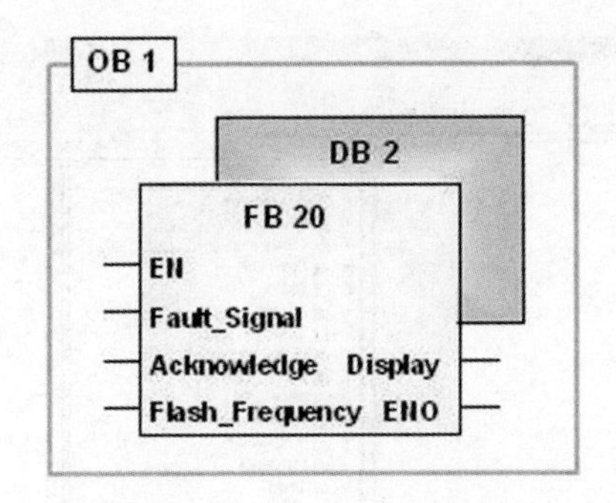

FB块的变量声明表

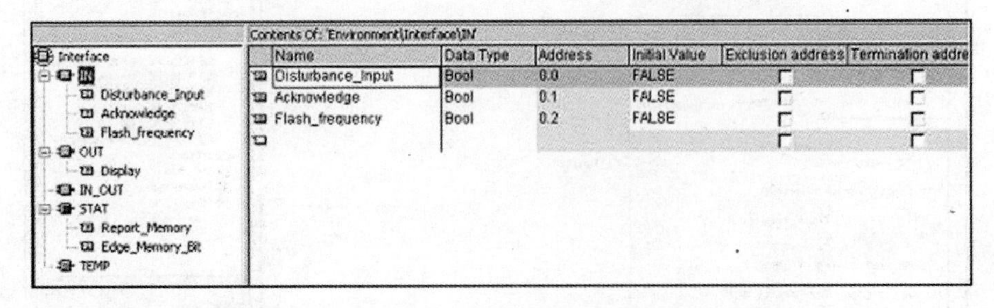

图 3.13　功能块(FB)

背景 DB 可以保存静态变量，这些局部变量只能用于 FB 块中，并在其变量声明表中定义。当块退出时，它们仍然保持。

② 扩展地址和结束地址：通过激活该选项，可以选择 FB 参数和静态变量的特性，它们只与连接过程诊断有关。

③ 参数：当 FB 块被调用时，实际参数的值被存储在它的背景数据块中。如果在块调用时没有实际参数分配给形式参数，在程序执行中将采用上一次存储在背景 DB 中的参数值。每次调用 FB 时，可以指定不同的实际参数。当块退出时，背景数据块中的数据仍然保持。

④ 静态变量：静态局部变量存储不访问功能块外部的块特殊数据。换句话说，该变量作为形式参数不传送块的 in 或 out。

⑤ FB 的优点：当编写 FC 的程序时，必须寻找空的标志区或数据区来存储需保持的数据，并且自己必须保存它们。而 FB 的静态变量可由 STEP 7 的软件来保存；使用静态变量可避免两次分配同一标志地址区或数据区的危险；如果用 FB 块实现 FC 20 的功能，并用 FB 的静态变量“Stored_Fault”和“Edge_Memory”来代替原来 FC 20 的形式参数“Report memory”和“Edge memory bit”，将可省略两个形式参数，简化块的调用。

(2)背景数据块

生成背景数据块如图 3.14 所示。

生成一个新的背景数据块有如下两种方法。

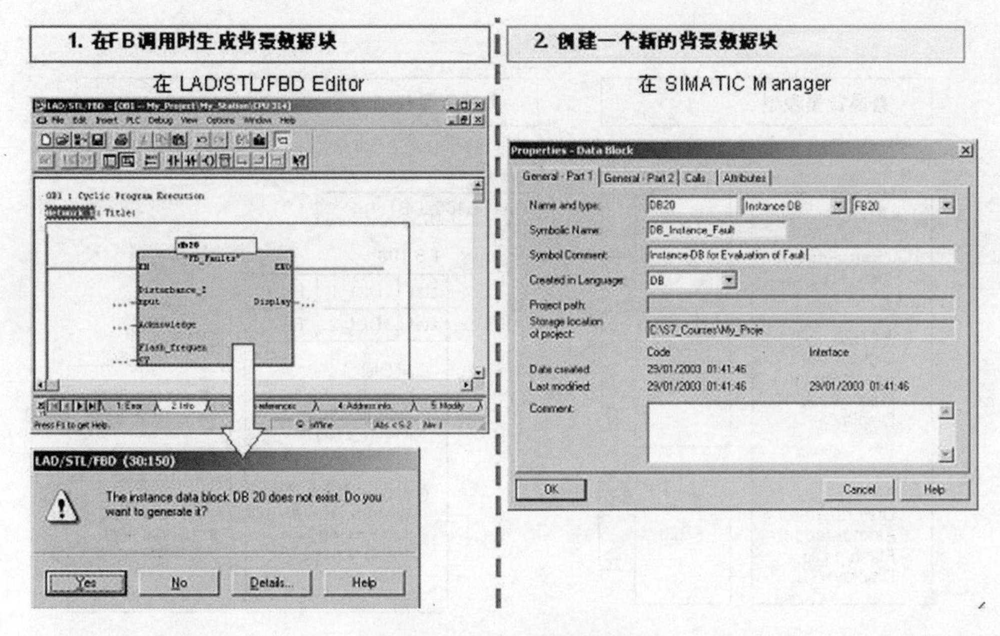

图 3.14 生成背景数据块

① 在调用 FB 时，为 FB 指定一个背景 DB 后，如果该数据块并不存在，则弹出以下提示信息："Instance data block DB x does not exist. Do you want to generate it?"。单击"Yes"按钮可自动生成一个新的背景数据块。

② 创建一个新的 DB 时，选择其类型为"Instance DB"。

注意：一个背景数据块只能归属于一个 FB 块，而一个 FB 块在每次调用时可以使用不同的背景数据块。FB 块被修改后(添加参数或静态变量)，必须重新生成背景数据块。

(3)多重背景

到目前为止，每次调用一个功能块时都使用不同的背景数据块。然而数据块的数量有限，因此，允许多次 FB 调用都使用同一个背景数据块。多重背景模型允许多次 FB 调用都使用同一个背景 DB。为此需增加一个 FB 块用来管理背景数据。针对每次的 FB 调用(FB 20)，要先在上层的 FB 块(FB 100)中定义一个静态变量。用块调用 Call Dist_1，就不需为其指定背景 DB 了。上层的 FB(FB 100)被调用时，例如，在 OB 1 中调用它，将只生成一个公用的背景 DB(DB 100)。多重背景数据模型如图 3.15 所示。

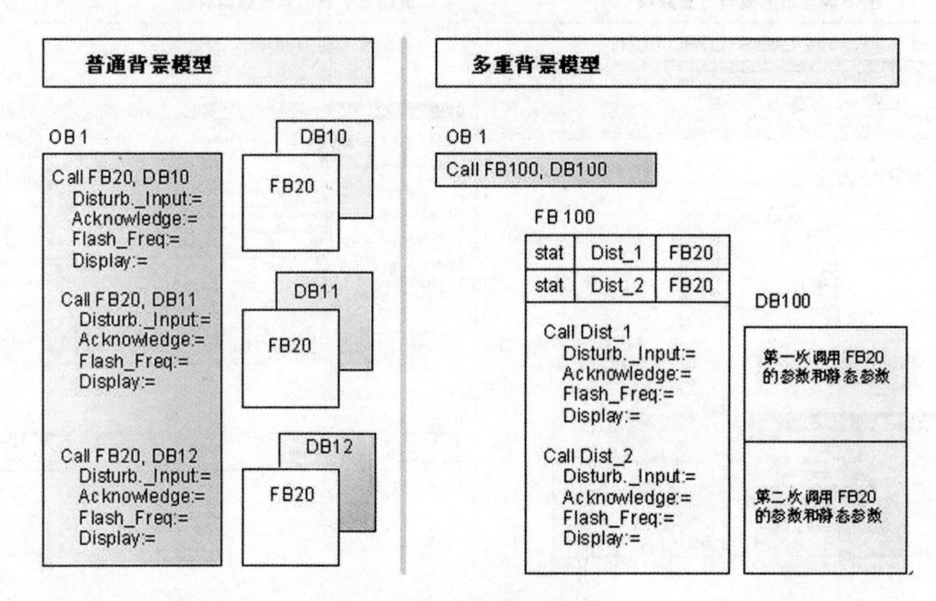

图3.15　多重背景数据模型

3.3　符号表的使用

寻址包括绝对寻址和符号寻址。在绝对寻址中，需要直接指明地址(例如输入I 1.0)，在这种情况下不需要符号表，但是程序难读。在符号寻址中，使用的是符号(例如MOTOR_ON)，而不是绝对地址。在符号表中可以对输入、输出、定时器、计数器、位存储器和块定义符号。当输入符号名时，不需要加入引用标记，程序编辑器会自动加入。

3.3.1　符号寻址概述

全局符号是指在符号编辑器中定义的可以在所有的程序块中使用的符号。在符号表中的符号必须是唯一的，也就是说，在表中只能出现一次。

局部符号是在块的声明区定义的，它们只能在所定义的块中使用。同一个符号名可以在另一个块中重新使用。

符号寻址如图3.16所示。

何处使用符号?	它们存放在何处?	如何建立它们?
全局数据: —输入 —输出 —位存储器、定时器、计数器 —外设 I/O	符号表	符号编辑器
局部数据块: —块参数 —局部/临时数据	块的声明表	程序编辑器
跳转标号	块的代码区	程序编辑器
块名称: —OB —FB —FC —DB —VAT —UDT	符号表	符号编辑器
数据块组成	DB 的声明表	程序编辑器

图 3.16 符号寻址

LAD/STL/FBD 编辑器总是把全局符号表中声明的符号显示在引号中，把局部地址符号(局部变量和参数)显示带#号。输入符号地址时不用带引号或#号，程序编辑器会自动添加。

3.3.2 打开符号表

符号表如图 3.17 所示。

通过选择 LAD/STL/FBD 编辑器中的菜单 Options→Symbol Table，可以打开符号表。也可以从 SIMATIC 管理器打开符号表：选择项目窗口左侧部分的程序并双击“Symbols”对象。

当打开符号表时，会打开一个附加窗口，该窗口由符号名、地址、数据类型和注释等列组成。每个符号占用符号表的一行。当定义一个新符号时，会自动插入一个空行。

符号表是公共数据库，可以被不同的工具利用：LAD/STL/FBD 编辑器；Monitoring and Modifying Variables(监视和修改变量)；Display Reference Data(显示交叉参考数据)。

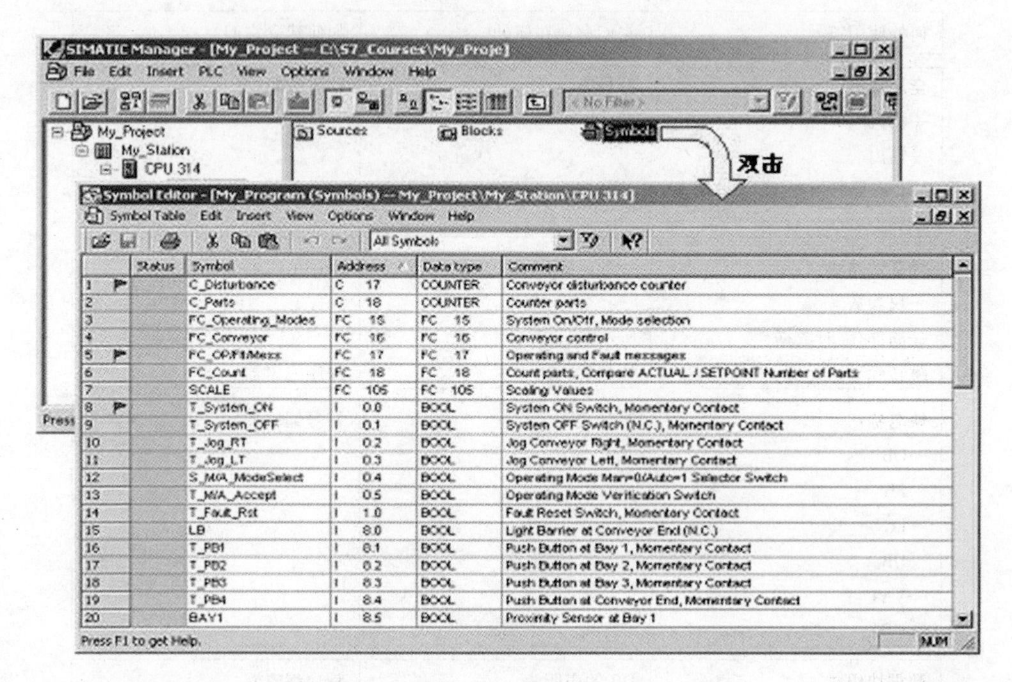

图 3.17　符号表

3.3.3　符号表操作

(1)符号表：查找与替换

查找与替换如图 3.18 所示。

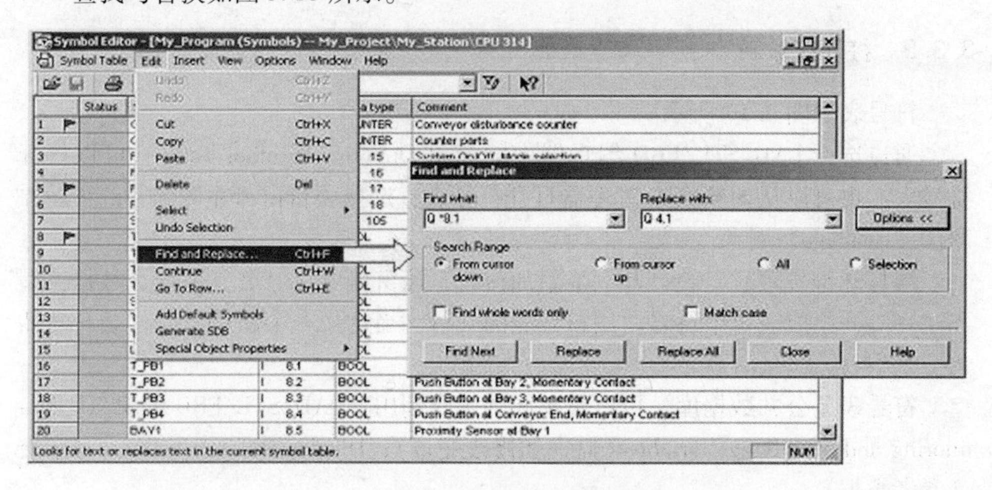

图 3.18　查找与替换

在当前窗口中有许多查找和替换的选项：

- Find what：输入要查找的文本；
- Replace with：输入要替换的文本；
- From cursor down：在符号表中向下查找到最后一行；
- From cursor up：在符号表中向上查找到第一行；
- Match case：仅查找带指定的大写或小写字母的特定文本；
- Find whole words only：以一个分离字而不以一个长字查找特定文本；
- All：从光标位置查遍整个符号表；
- Selection：仅查找所选的符号行。

当查找地址时，应该在地址表示符后插入一个统配符，否则不能发现地址。例如，查找并替换(用地址 4. 替换所有带地址 8. 的输出)：

Find what：Replace with：

Q ∗ 8. ∗　　　　　　Q 4.

(2)符号表：过滤器

过滤器如图 3. 19 所示。

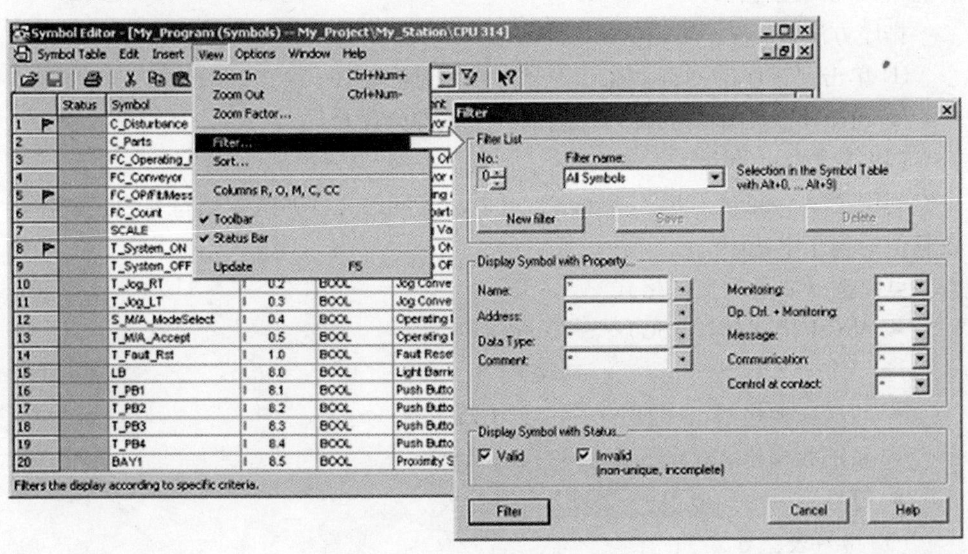

图 3. 19　过滤器

① 过滤器。只有符合激活过滤器规则(符号属性)的符号才能显示在当前窗口。一次可以应用几个规则，设定的过滤器规则连在一起。

② 符号属性。可以选择不同的过滤器并按照下面的性质连接它们：名字，地址，数据类型，注释，操作控制和监视，通讯，消息(Name，Address，Data type，Comment，Operator control and monitoring，Communication，Message)。允许

的统配符是“ * ”和“?”。

例如:

Name: M *

在符号表中只显示以“M”开头的而且包含任意数量附加字符的名字。

Name: SENSOR_?

在符号表中只显示以“SENSOR_”开头的而且包含一个其他字符的名字。

Address: I *. *

只显示输入。

符号必须唯一，就是说，一个符号或地址只能在符号表中出现一次。如果一个符号或地址在符号表中出现多次，重复的行会变粗。如果符号表长而且想快速查找不清楚的符号或地址，通过菜单 View → Filter 和分配“Invalid”，可以显示这些行。

(3)符号表：排序

符号表中的符号可以按照字母顺序显示，利用菜单 View→Sort，可以对指定当前窗口的列进行排序。

排序方法是:

① 单击要排序的列首，在当前列中按照升序排序;

② 再单击要排序的列首，在当前列中按照降序排序。

(4)符号表：导出

利用菜单 Symbol Table→Export，可以用不同的文件格式存储符号表，以便于在其他的程序中使用。

可以选择如下的文件格式:

- ASCII 格式(*. ASC)—— Notepad
  —— Word
- 数据交换格式(*. DIF)—— EXCEL
- 系统数据格式(*. SDF)—— ACCESS
- 符号表(*. SEQ)—— STEP 5 符号表

(5)符号表：导入

利用菜单 Symbol Table→Import，可以导入其他程序中建立的符号表。步骤如下:

① 激活菜单 Symbol Table → Import;

② 在“Import”对话窗中选择文件格式，可以发现与导出相同的文件格式;

③ 在“Find in:”列表框中选择目录路径;

④ 在“File Name:”框中输入文件名;

⑤ 用“OK”键确认。

可以导入与导出相同的文件格式。

(6)编辑符号(在 LAD/FBD/STL 编辑器中)

编辑符号菜单 Edit→Symbol，或在地址上单击鼠标右键，出现一个菜单选项 Edit Symbol，可以对绝对地址分配符号名。所分配的符号名自动加入到符号表中。已经在符号表中的名字用不同颜色显示，它们不能在符号表中再使用。

(7)符号信息

在 LAD/STL/FBD 编辑器中，通过菜单 View→Display→Symbolic Representation，按照下面两种方法可以选择要显示的地址：符号寻址或绝对寻址。通过菜单 View→Display→Symbol Information，可以在段内显示符号和地址分配。在 LAD/FBD 方式下，地址分配在段下显示，在 STL 方式下，显示在指令行。

如果把鼠标指到一个地址上，就会出现一个带有符号信息的该地址的提示。

(8)符号选择(在 LAD/FBD/STL 编辑器中)

利用菜单 View→Display→Symbol Selection，可以简化符号编程的书写。当输入地址时，一旦输入符号名的第一个字母，就会弹出一个符号表。该表包含了以该字母开头的所有符号，点击所需要的符号就可以把它输入到程序中。

(9)符号优先

如果要修改一个程序的符号表分配，可以决定绝对寻址和符号寻址哪一个优先。在 SIMATIC 管理器中，用鼠标右键选择 S7 程序的“Blocks”，选择菜单 Properties，然后选择“Blocks”标签。在“Priority”域中选择“Absolute Value”(绝对值)或“Symbol”(符号)。符号优先如图 3. 20 所示。

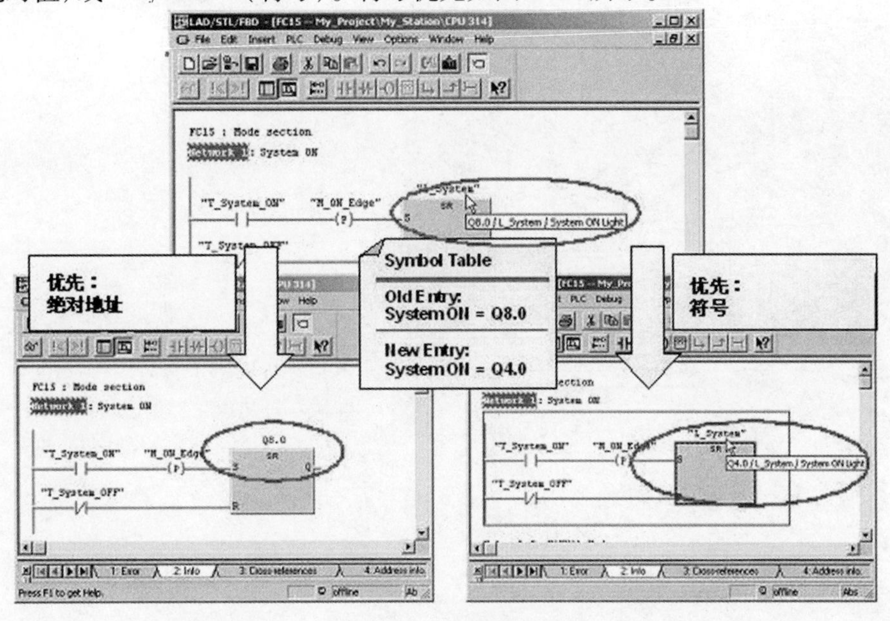

图 3. 20　符号优先

① 按绝对值优先：用这个设置，如果以后修改了符号表中的分配，一个操作的绝对地址并不改变。如上面的例子，在符号表中，输出 Q8. 0(符号名“Plant On”)变成了输出 Q4. 0。由于是“Priority：Absolute Value”设定，程序仍然使用输出 Q8. 0。

② 按符号优先：用这个设置，操作的绝对地址变成了符号表中的新输入项。如上面的例子，在符号表中，输出 Q8. 0(符号名“Plant On”)变成了输出 Q4. 0。由于是“Priority：Symbols”设定，在整个程序中地址从 Q8. 0 变成了 Q4. 0。

修改后的地址仍然保持其符号名，这样，就可以在用户程序中修改绝对地址了。

第 4 章　S7-300 的指令系统

S7-300 PLC 存储区如图 4.1 所示。

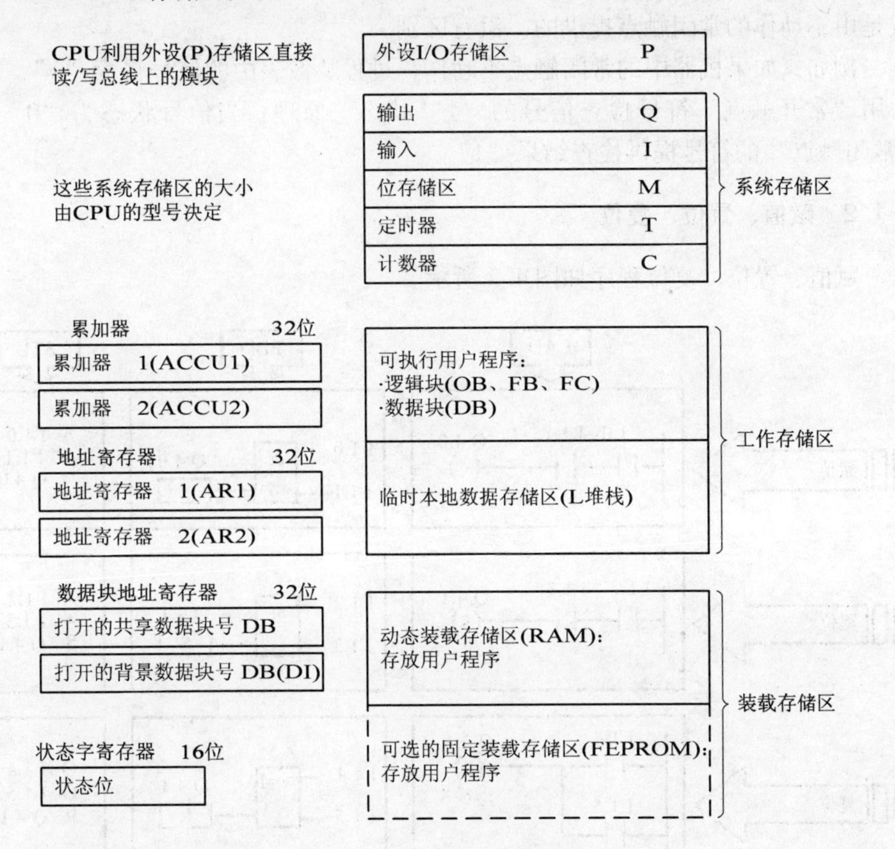

图 4.1　S7-300 PLC 存储区

4.1　基本逻辑操作指令

4.1.1　与、或、异或

A(And，与)指令表示串联的常开触点。O(Or，或)指令表示并联的常开触点。AN(And Not，与非)指令表示串联的常闭触点，ON(Or Not，或非)指令表示并联的常闭触点。异或操作(XOR)满足下面的规则：当两个信号中有一个且仅有一个满足时，输出信号状态才是“1”。

在一个过程中，传感器的常开和常闭触点与安全规章有关系。限位开关和安全开关总是采用常闭触点，所以，如果传感器回路出现断线，不会造成危险事件。同样，常闭触点也用于关闭机械。

在梯形图中，“常开触点”的符号检查信号的“1”状态，“常闭触点”的符号检查信号的“0”状态。过程信号的“1”状态是由动作的常开触点提供的，或是由不动作的常闭触点提供的，没有区别。

例如，如果机器中的常闭触点不动作，过程映像表中的信号将为“1”，LAD中用“常开触点”符号检查信号的“1”状态。原理：当信号状态为“0”时，“常闭触点”的符号提供检查结果“1”。

4.1.2　赋值、置位、复位

赋值、置位、复位程序如图 4.2 所示。

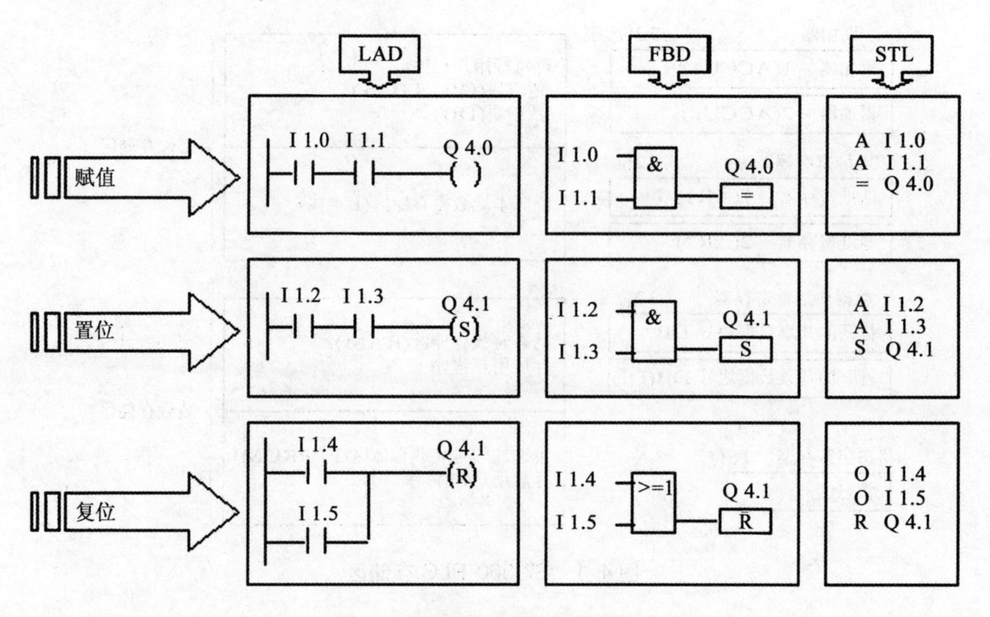

图 4.2　赋值、置位、复位程序

赋值指令把 RLO 传送到指定的地址(Q，M，D)，当 RLO 变化时，相应地址的信号状态也变化。如果 RLO = “1”，指定的地址被置位为信号状态“1”，而且保持置位直到它被另一条指令复位为止。如果 RLO = “1”，指定的地址被复位为信号状态“0”，而且保持这种状态直到它被另一条指令置位为止。

触发器的置位/复位程序如图 4.3 所示。

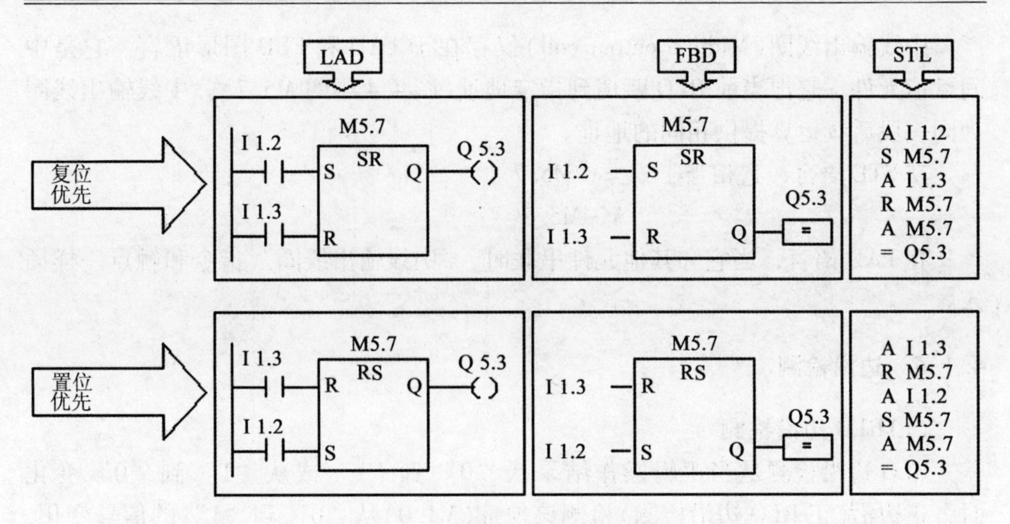

图 4.3　触发器的置位/复位程序

触发器有置位输入和复位输入，根据哪个输入端的 RLO =1，对存储器位置位或复位。如果两个输入端同时出现 RLO = “1”，根据优先级决定。在 LAD 和 FBD 中，置位优先和复位优先有不同的符号。在 STL 中，最后编写的指令具有高优先级。

如果用置位指令把输出置位，当 CPU 全启动时它被复位。在上面的例子中，如果 M5. 7 声明保持，当 CPU 全启动时，它就一直保持置位状态，被启动复位的 Q5. 3 会再次被赋值“1”。

4. 1. 3　中线输出线圈

中线输出线圈如图 4. 4 所示。

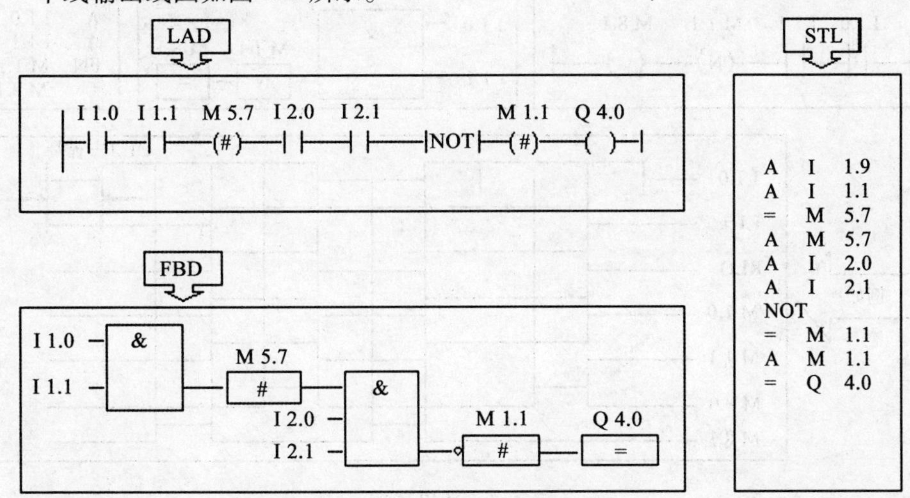

图 4. 4　中线输出线圈

中线输出线圈(Midline output coil)仅存在于 LAD 和 FBD 图形语言。它是中间赋值元件，它把当前 RLO 赋值到指定地址(图 4.4 中的 M5.7)。中线输出线圈为同一段后续运算提供相同的地址。

在 STL 语言，它相当于　=　M5.7

A　M5.7

在 LAD 语言，当它和其他元件串联时，“中线输出线圈”指令和触点一样插入。

4.1.4　边沿检测

(1)RLO 边沿检测

RLO 边沿检测是当逻辑操作结果从“0”到“1”或从“1”到“0”变化时，正边沿(正 RLO 边沿检测)检测该地址(M1.0)从“0”到“1”的信号变化，并在该指令后(例如在 M8.0)以 RLO = “1”显示一个扫描周期，允许系统检测边沿变化，RLO 也必须保存在一个 FP 标志(例如 M1.0)中或数据位中；负边沿(负 RLO 边沿检测)检测该地址(M1.1)从“1”到“0”的信号变化，并在该指令后(例如在 M8.1)以 RLO = “1”显示一个扫描周期，允许系统检测边沿变化，RLO 也必须保存在一个 FN 标志(例如 M1.1)中或数据位中。边沿检测如图 4.5 所示。

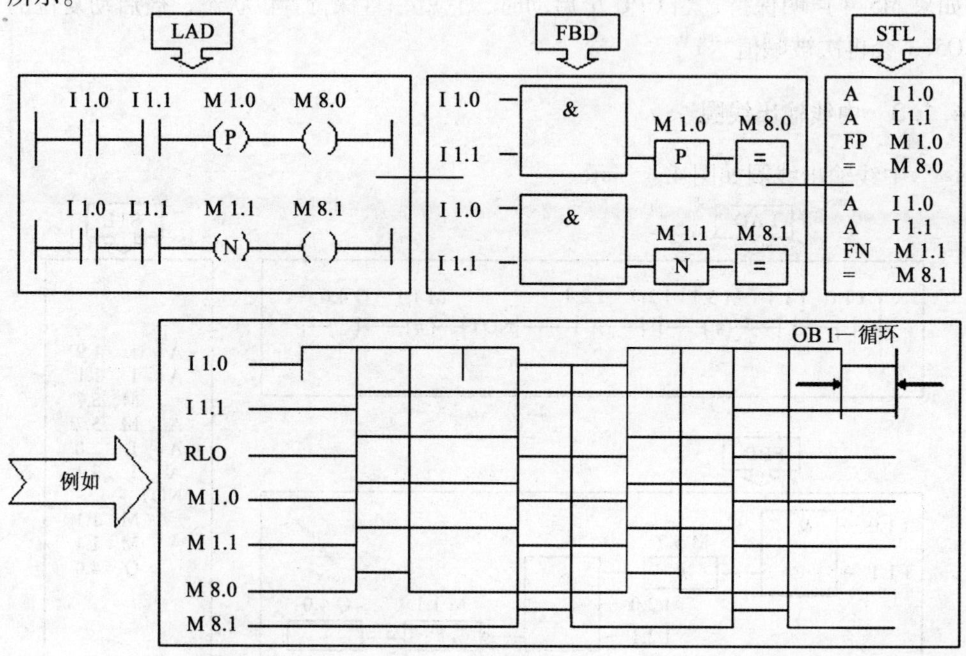

图 4.5　边沿检测

(2)信号边沿检测

当信号变化时，产生信号边沿。

例如，输入 I 1.0 作为静态允许，输入 I 1.1 被动态监视，检测每个信号变化。

① 正边沿检测：只要 I 1.0 的信号状态是“1”，当 I 1.1 的信号状态从“0”变化到“1”时，“POS”检查指令在输出上产生一个扫描周期的“1”状态(见上例)。要允许系统检测边沿变化，I 1.1 的信号状态必须保存到一个 M_BIT(位存储器或数据位)中，例如 M 1.0。

② 负边沿检测：只要 I 1.0 的信号状态是“1”，当 I 1.1 的信号状态从“1”变化到“0”时，“NEG”检查指令在输出上产生一个扫描周期的“1”状态(见上例)。要允许系统检测边沿变化，I 1.1 的信号状态必须保存到一个 M_BIT(位存储器或数据位)中，例如 M 1.1。

信号边沿检测如图 4.6 所示。

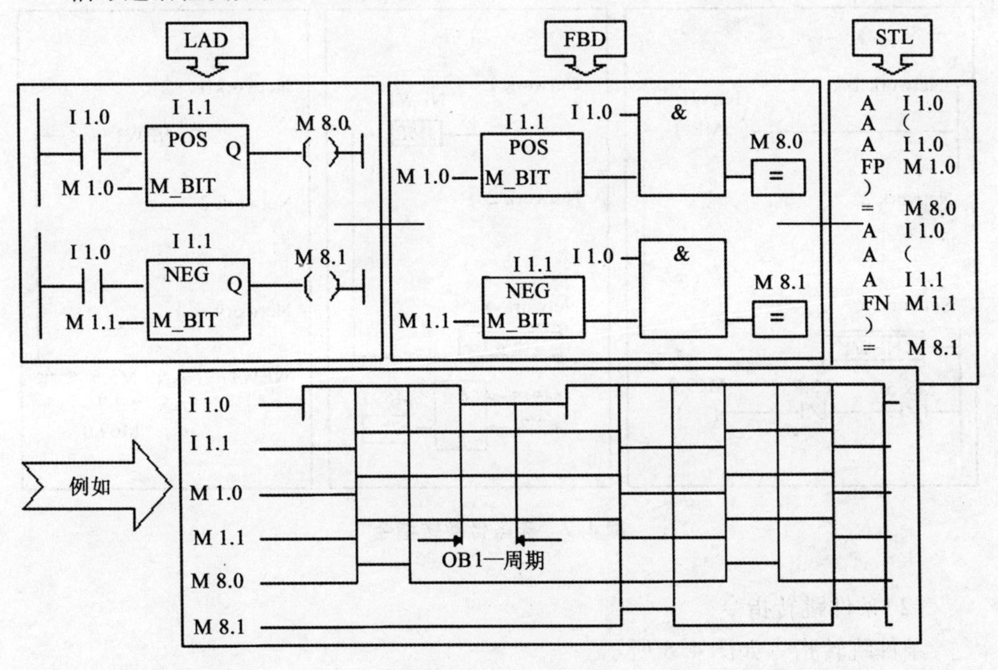

图 4.6　信号边沿检测

4.1.5　跳转指令

(1)无条件跳转指令

在 LAD/FBD 中，在线圈符号即赋值符号上面输入的标号(NEW1)作为标示。在 STL 中，它跟在跳转(JU)指令后面。标号最多有 4 个字符，第一个字符必须使用字母或“_”。标号标志着程序继续执行的地点，在跳转指令和标号之间的任何指令和段都不执行。可以向前或向后跳转。跳转指令和跳转目的必须在同一个块中(最大跳转长度＝64K 字节)。在一个块中跳转目的只能出现一次。跳转指令可以用在 FB、FC 和 OB 中。

跳转标号(最多有4个字符)标志着跳转指令的跳转目的。在 STL 中，它是一条指令，在 LAD 和 FBD 中，它是一个段的开始。在 STL 中，标号标在程序继续执行的指令的左边。在 LAD 和 FBD 中，利用程序元件浏览器插入一个标号：

Program Elements→Jumps→LABEL

JMP：无条件跳转指令使程序跳转到一个标号，而和 RLO 无关。

无条件跳转指令如图 4.7 所示。

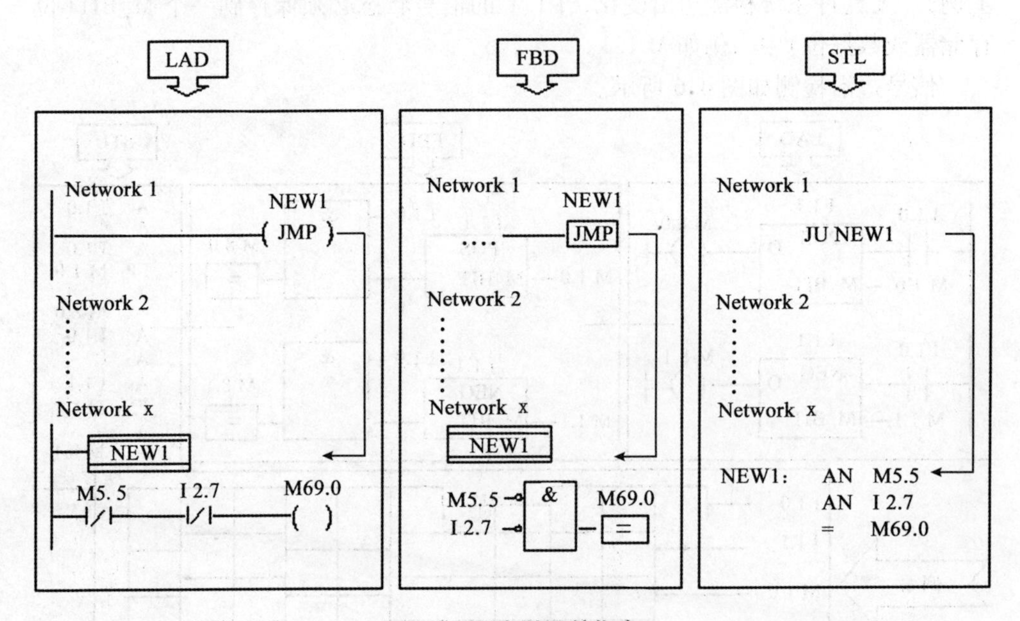

图 4.7　无条件跳转指令

(2)条件跳转指令

条件跳转指令如图 4.8 所示。

JC：只有当 RLO 是“1”时，条件跳转“JC”才执行。如果 RLO 是“0”，不执行跳转；RLO 被置为“1”，继续执行程序下一条指令。

JCN：只有当 RLO 是“0”时，条件跳转“JCN”才执行。如果 RLO 是“1”，不执行跳转，继续执行程序下一条指令。

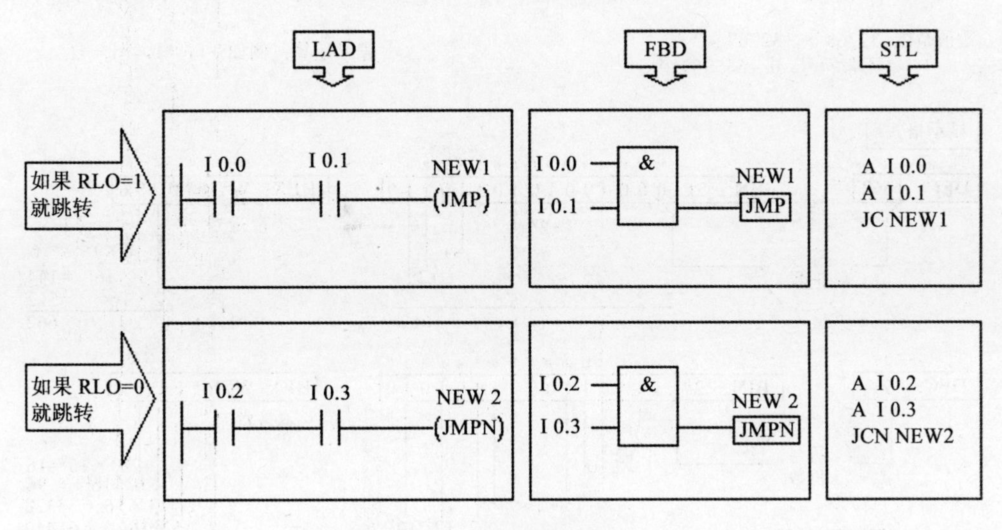

图 4.8　条件跳转指令

4.1.6　影响 RLO 的指令

NOT——把 RLO 取反。

CLR——无先决条件地把 RLO 复位为“0”（目前仅用在 STL 中）。CLR 指令完成了 RLO，于是下一扫描变为首次检查。

SET——无先决条件地把 RLO 置位为“1”（目前仅用在 STL 中）。SET 指令完成了 RLO，于是下一扫描变为首次检查。

4.2　数字指令

4.2.1　数据类型

(1)整数数据类型

整数(Integer)数据类型(16 位整数)是一个不带小数点的整数值。S7 以带符号的 16 位代码存储整数数据类型数值。在该数值范围的结果如图 4.9 所示。S7 提供算术运算功能来处理整数值。

① 十进制：STEP 7 使用十进制(Decimal)(不是 BCD)显示格式来设定整数数据类型的常数。它带有符号而不带额外的数据格式描述。以二进制和十六进制显示格式的常数整数值的应用原则上是可能的，但由于易读性差，它们或多或少不合适。因此，STEP 7 的语法仅提供以十进制显示格式的整数值的设定。

② 二进制：在数字计算机系统中，所有的数值都以二进制代码形式存储。

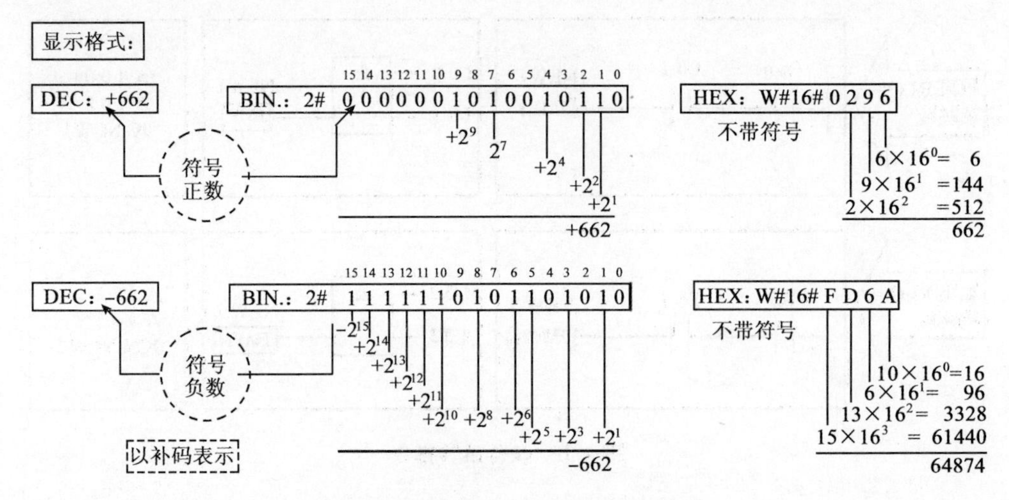

图 4.9　整数(INT，16 位)数据类型

在二进制系统中，仅有数 0 和 1。这种计数系统的基值为 2。二进制数的每个位置的值来自基值 2 的乘方。这也表示为相应的格式 2#…。负值用二进制补码表示。在这种表示中，符号位(整数数据类型的第 15 位)数值为 -215。由于这一数值大于所有剩余值的和，这一位也有符号信息。也就是说，如果这一位 =0，那么这个数为正数；如果这一位 =1，那么这个数为负数。二进制数转换为十进制数是把为 1 的位的值相加(见图 4.9)。以二进制显示格式选择常数不仅用于选择整数值，更多地用于选择位形式(例如在数字逻辑操作中)，这里不讨论由位形式表示的整数值。可选择位的数为 1 ~ 32。丢失的位用零位来填充。

(2)双整数数据类型

SIMATIC® S7 用带符号的 32 位代码存储双整数。在该数值范围的结果如图 4.10 所示。SIMATIC® S7 提供算术运算功能来处理 DINT 值。

① 十进制：STEP 7 使用十进制(Decimal)(不是 BCD)显示格式以设定双整数数据类型的常数。它带有符号和用于“长的”(双字，32 位)数据格式 L#。当选择数值小于 -32768 或大于 32767 时，格式 L#被自动添加。对小于 -32768 的负数，用户必须选择格式 L# -(例如 L# -32769)。

② 十六进制：十六进制数系统提供 16 个不同的数(0 ~ 9 和 A ~ F)。这种计数系统的基值为 16。相应的，十六进制数每位的值来自基值 16 的乘方。

通过格式 W#(W = 字 = 16 位)或 DW#(DW = 双字 = 32 位)为基本计数系统的 16#来选择十六进制数，可选择位的数为 1 ~ 8。丢失的位用零位来填充。字符 A ~ F 对应着数值 10 ~ 15。数值 15 是最大一个可以用二进制编码的数值(不带符号)用4位。二进制到十六进制的转换有简单的关系，反之亦然。四个二进制位构成一个十六进制位。

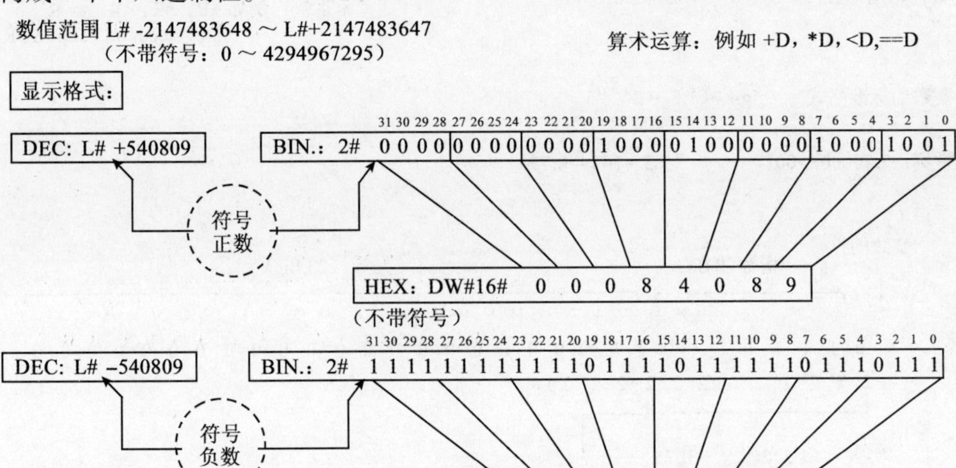

图4.10　双整数(DINT，32 位)数据类型

(3)实数数据类型

前面谈的 INT 和 DINT 数据类型用于存储带符号的整数值。相应地，仅提供整数值为结果的指令可以处理这些数据类型。在处理像电压、电流和压力这样的模拟过程变量的情况下，使用实数值(实数，“小数”)变得必要。为了能够表示这样的数，二进制位必须定义为小于1的值(基值2的负指数的乘方)。

① 实数格式：为了能够用定义的存储器(对 SIMATIC® S7：双字，32 位)(见图4.11)能力构成最大可能的数值范围，必须能够选择小数点的位置。原则上，IEEE 定义浮点数格式。这一格式写进了 IEC 61131 并包含在 STEP 7 中。这一格式使得容易处理变量小数点的位置。以二进制编码的浮点数，二进制位包含浮点数的尾数以及其余包含指数和符号。当设定实数值时，不用设定格式。在输入常数实数值(例如0.75)后，编辑器自动进行转换(例如7.5000e-001)。

② 应用：浮点数用于“模拟量处理”。浮点数的最大优势是在可能的指令数量方面最多。这些包括除了例如 +，－，＊，/的标准指令之外，还包括像 sin，cos，exp，ln 等指令，它们主要用在闭环控制算法。

(4)BCD 码数据类型

过去，整数的设定和显示使用简单的机械拨轮按钮和数字显示。这些拨轮按钮和数字显示通过并行接线连接到 PLC 的数字输入和输出模板。该结构也可以多级，不用改变位的机械编码。

数值范围 $-1.175495\times10^{-38} \sim 3.402823\times10^{+38}$

算术运算：例如 +R，*R，<R，== R
sin，acos，ln，exp，SQR

实数的标准格式 = (sign)·(1.f)·(2^{e-127})

举例：7.50000e-001　　　　($7.5*10^{-1}=0.75$)

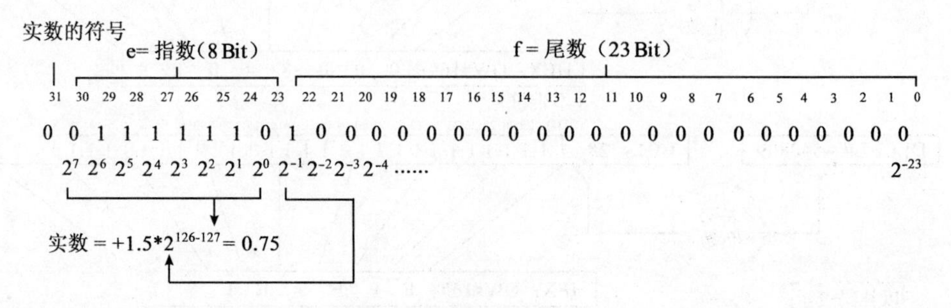

图 4. 11　实数数据类型

① BCD 码：每位十进制数用 4 位二进制数进行编码。之所以需要 4 位二进制数表示，是因为十进制的最大数 9 需要至少 4 位二进制数表示。十进制数、BCD 码关系如表 4. 1 所示。

表 4. 1　　　　十进制数、BCD 码关系

十进制数	BCD 码	十进制数	BCD 码
0	0000	6	0110
1	0001	7	0111
2	0010	8	1000
3	0011	9	1001
4	0100	10 ~ 15	不允许
5	0101		

② 负数：负数也可以用 BCD 拨轮按钮设定，STEP 7 在数值最高的最高位编码符号(见图 4. 12)。符号位 = 0，表示正数；符号位 = 1，表示负数。STEP 7 识别 16 位编码的(符号 + 3 位)和 32 位编码的(符号 + 7 位)BCD 数。

在 STEP 7 中没有合适的数据格式设定 BCD 码数值。然而，可以用 HEX 数设定 BCD 码给出的十进制数。HEX 数的二进制码与 BCD 编码的十进制数的二进制码相同。

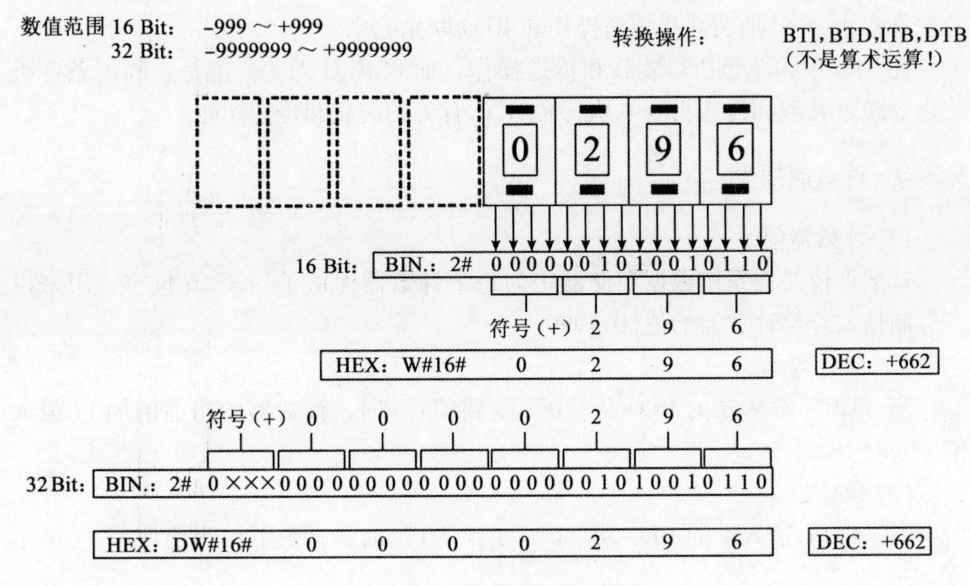

图 4.12　BCD 码数据类型

4.2.2　数据装载和传送指令

(1) MOVE (LAD/FBD)

如果输入 EN 有效，输入“IN”处的值拷贝到输出“OUT”上的地址。“ENO”与“EN”的状态相同。

(2) L 和 T (STL)

装载和传送指令的执行与 RLO 无关，数据通过累加器交换。装载指令把源地址中的值向右对齐写到累加器 1，用“0”补充其他的位(共 32 位)。传送指令拷贝累加器中一些或所有内容到指定目的地址。

ACCU 1 是 CPU 中的中央寄存器，当执行装载指令时，要装载的值被写入 ACCU 1；对于传送指令，要传送的值从 ACCU 1 读出。数学功能、移位和循环移位的结果也放在 ACCU 1。

当执行装载指令时，ACCU 1 中的旧值先移到 ACCU 2，在新值写入 ACCU 1 前它先被清零。ACCU 2 也用于比较操作、数字逻辑操作、数学和移位操作。这些操作在后面将详细介绍。

累加器是 CPU 中的辅助存储器，它们用于不同地址之间的数据交换、比较和数学运算操作。S7-300 有 2 个 32 位的累加器，S7-400 有 4 个 32 位的累加器。

装载指令把指定字节、字或双字中的内容装入 ACCU 1。当传送指令执行时，ACCU 1 中的内容保持不变。相同的信息可以传到不同的目的地址。如果仅传送一个字节，只使用右边的 8 位(见图 4.12)。在 LAD 和 FBD 中，可以使用 MOVE

的允许输入(EN)把装载和传送操作和 RLO 联系起来。

在 STL 中，总是执行装载和传送操作，而和 RLO 无关。但是，利用条件跳转指令跳过装载和传送指令来执行和 RLO 有关的装载和传送功能。

4.2.3 计数器指令

(1)计数器值

计数器值是在系统数据存储器中为每个计数器保留了一个 16 位字，用来以二进制格式存储计数器的值(0 ~ 999)。

(2)加计数

当“CU”输入端的 RLO 从“0”变到“1”时，计数器的当前值加 1(最大值 = 999)。

(3)减计数

当“CD”输入端的 RLO 从“0”变到“1”时，计数器的当前值减 1(最小值 = 0)。

(4)置数计数器

当“S”输入端的 RLO 从“0”变到“1”时，计数器就设定为“PV”输入的值。

(5)复位计数器

当“R”输入端的 RLO 为“1”时，计数器的值置为 0。如果复位条件满足，计数器不能置数，也不能计数。

① PV：在“PV”输入端，用 BCD 码指定设定值(0，…，999)：

- 用常数(C#…)；
- 通过数据接口用 BCD 格式。

② CV/CV_BCD：计数器值用二进制数或 BCD 数装入累加器，再传送到其他地址。

③ Q：计数器状态在输出“Q”检查：

- 计数值 = 0 → Q = 0
- 计数值 > < 0 → Q = 1

(6)计数器类型

- S_CU = 加计数器(仅加计数)
- S_CD = 减计数器(仅减计数)
- S_CUD = 加/减计数器

S5 计数器如图 4.13 所示。S5 计数器功能图如图 4.14 所示。

当计数器达到最大值(999)，下一次加计数不影响计数器。反之，当计数器达到最小值(0)，下一次减计数不影响计数器。计数器计数不高于 999 且不低于

0。如果加计数和减计数同时输入，计数器保持不变。S5计数器位指令如图4.15所示。

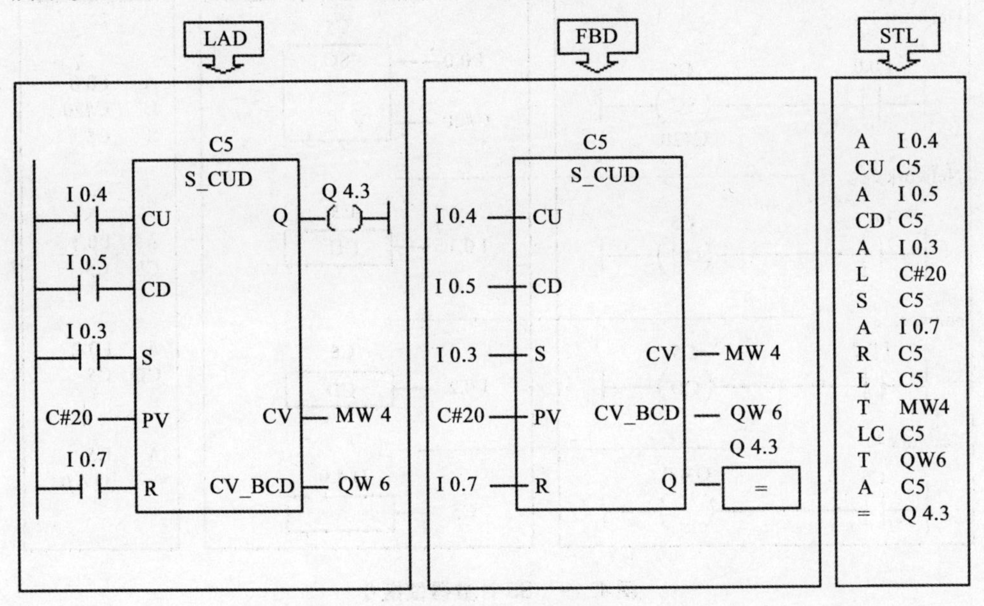

图4.13 S5计数器

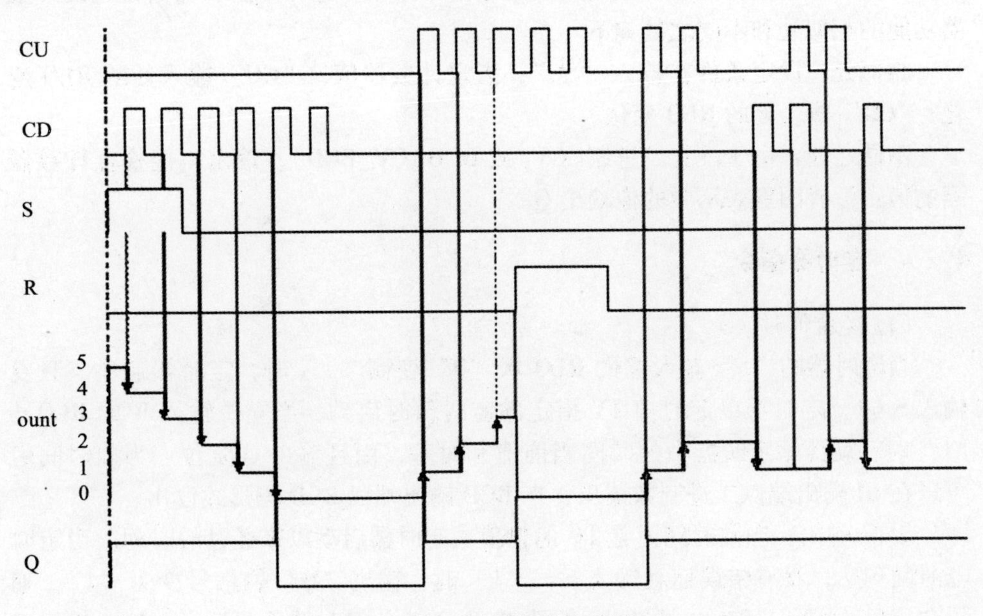

图4.14 S5计数器功能图

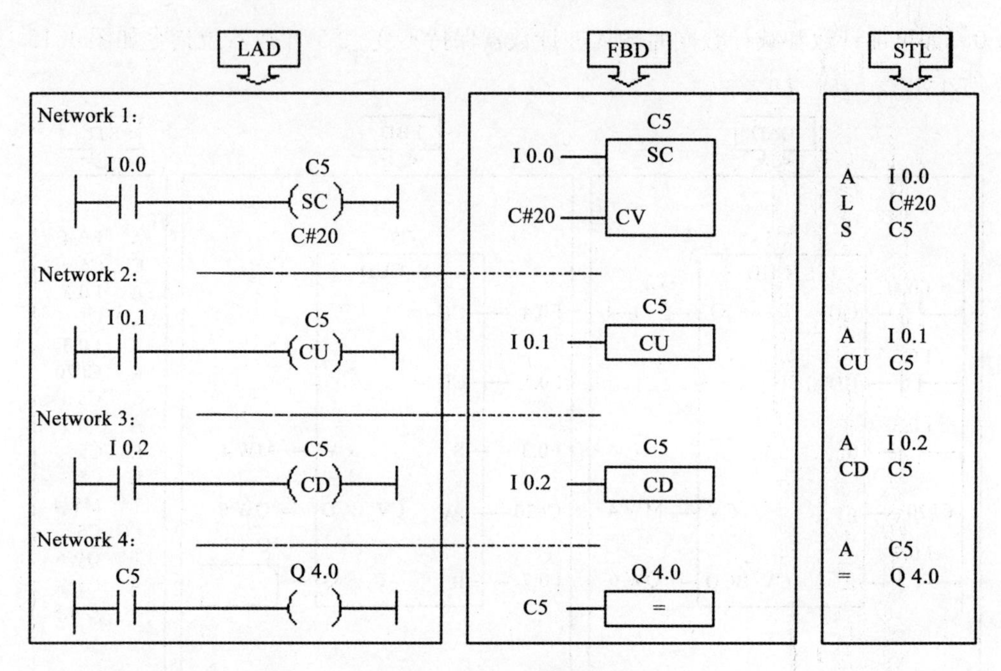

图 4.15　S5 计数器位指令

所有的计数器功能也可以用简单的位指令操作。这种方法和前面讨论的计数器功能的相似处和不同之处如下。

相似处：设定条件在输入“SC”；指定计数器值；“CU”输入处的 RLO 变化；“CD”输入处的 RLO 变化。

不同之处：由于没有二进制(CV)或 BCD(CV_BCD)，输出不能检查计数器当前值；没有图形表示中的位输出 Q。

4.2.4　定时器指令

(1)接通延时

当定时器的“S”输入端的 RLO 从“0”变到“1”时，定时器启动。只要输入 S=1，定时器以定时值 TV 指定的定时值时启动。当复位输入 R 的 RLO =“1”时，就清除定时器中的时间当前值和时基，而且输出 Q 复位。当前时间值可以在 BI 输出端以二进制数读出，在 BCD 输出端以 BCD 码形式读出。

① 位输出：当前时间值是 TV 的初值减定时器启动以来经过的时间。当定时器时间到达，没有错误而且输入 S =“1”时，输出“Q”的信号变为“1”。如果在定时时间到达前输入端 S 从“1”变到“0”，定时器停止运行，这时输出 Q =“0”。接通延时定时器如图 4.16 所示。

② 时间设定如下。时间值可以是固定的并由时间常数确定的。时间值的允

许范围从 S5T#10ms 到 S5T#2h46min30s0ms。

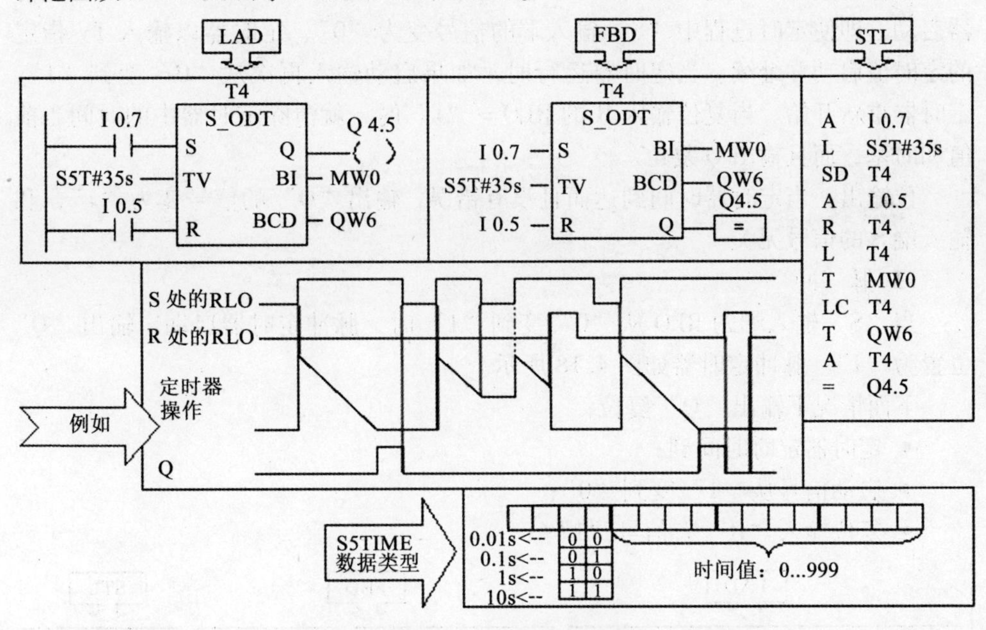

图 4. 16　接通延时定时器

(2)带保持接通延时

带保持接通延时定时器如图 4. 17 所示。

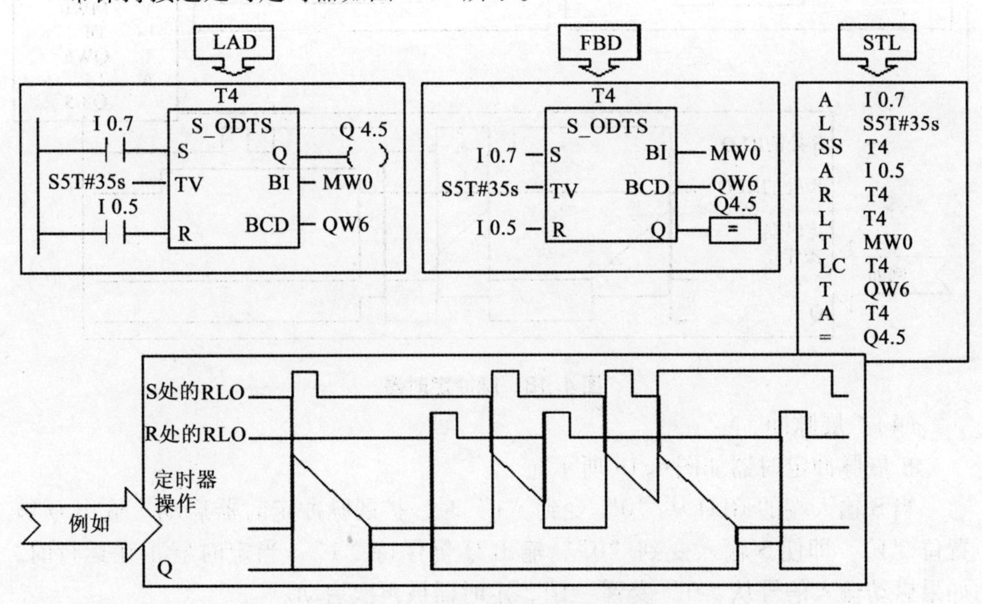

图 4. 17　带保持接通延时定时器

带保持接通延时定时器的“S”输入端的 RLO 从“0”变到“1”时，定时器启动。即使定时过程中“S”输入端的信号变为“0”，定时器以输入 TV 指定的定时值启动并继续。当定时器运行时，如果启动输入再次从“0”变到“1”，定时器重新开始。当复位输入 R 的 RLO =“1”时，就清除定时器中的时间当前值和时基，而且输出 Q 复位。

位输出：当定时器时间到达而且没有错误，输出“Q”的信号变为“1”，和输入端 S 的信号无关。

(3)脉　冲

当“S”输入端的 RLO 从“0”变到“1”时，脉冲定时器启动，输出“Q”也置为“1”。脉冲定时器如图 4.18 所示。

下面情况下输出“Q”复位：

- 定时器定时时间到；
- 启动信号从“1”变到“0”；
- 复位输入“R”有信号“1”。

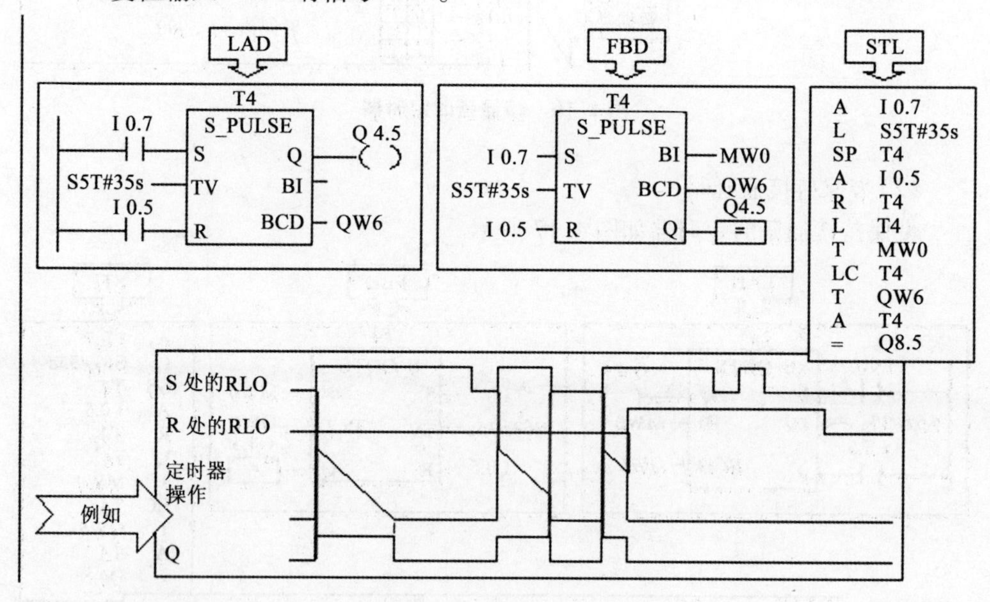

图 4.18　脉冲定时器

(4)扩展脉冲

扩展脉冲定时器如图 4.19 所示。

当 S 输入端的 RLO 从“0”变到“1”时，扩展脉冲定时器启动。输出 Q 被置位“1”。即使 S 输入变到“0”，输出 Q 仍保持“1”。当定时器正在运行时，如果启动输入信号从“0”变到“1”，定时器被再次启动。

在如下情况下输出“Q”被复位：

- 定时器时间到；
- 复位输入“R”有信号“1”。

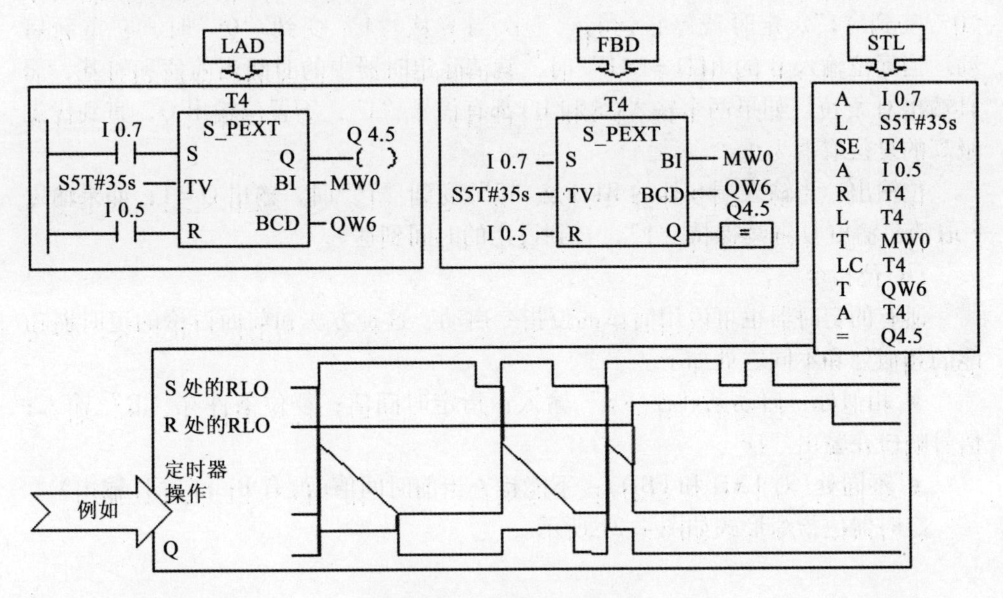

图 4.19　扩展脉冲定时器

(5)关断延时

关断延时脉冲定时器如图 4.20 所示。

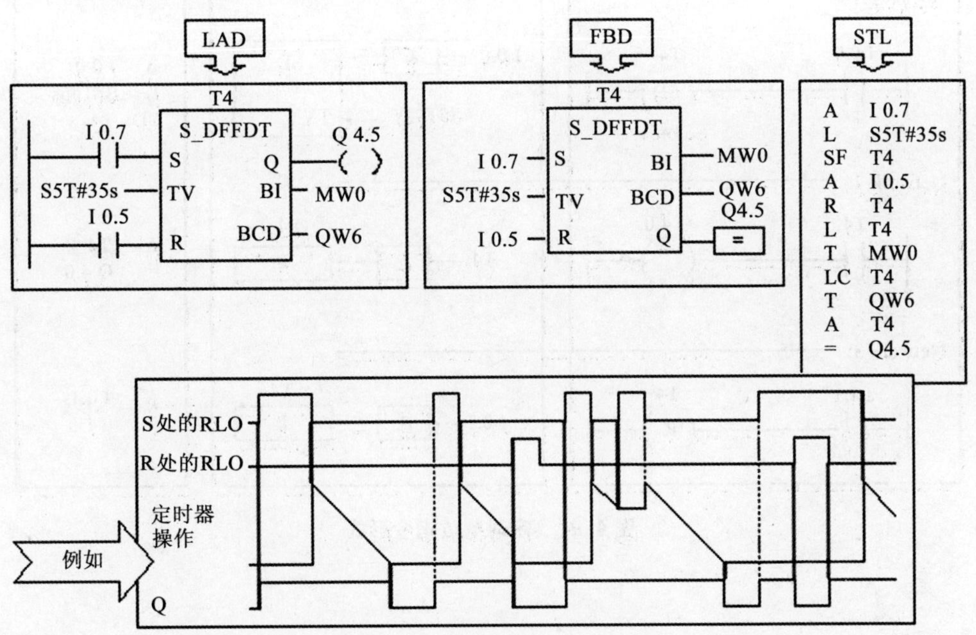

图 4.20　关断延时脉冲定时器

当延时断开定时器的 S 输入端的 RLO 从 “1” 变到 “0” 时，定时器启动。当时间到达时，输出信号 Q 变为 “0”。当定时器运行时，如果输入 S 的状态从 “0” 变到 “1”，定时器停止运行。下次当 S 从 “1” 变到 “0” 时，它重新启动。当复位输入 R 的 RLO = “1” 时，就清除定时器中的时间当前值和时基，而且输出 Q 复位。如果两个输入(S 和 R)都有信号 “1”，不置位输出 Q，直到优先级高的复位取消为止。

位输出：当输入端 S 处的 RLO 从 “0” 变到 “1” 时，输出 Q = 1；如果输入 S 取消，输出 Q 继续保持 “1”，直到设定的时间到达。

(6)位指令

所有的定时器也可以用简单的位指令启动，这种方法和前面讨论的定时器功能的相似处和不同之处如下。

- 相似处：启动条件在 “S” 输入；指定时间值；复位条件在 “R” 输入；信号响应在输出 “Q”。
- 不同处(对 LAD 和 FBD)：不能检查当前时间值(没有 BI 和 BCD 输出)。

定时器位指令形式如图 4. 21 所示。

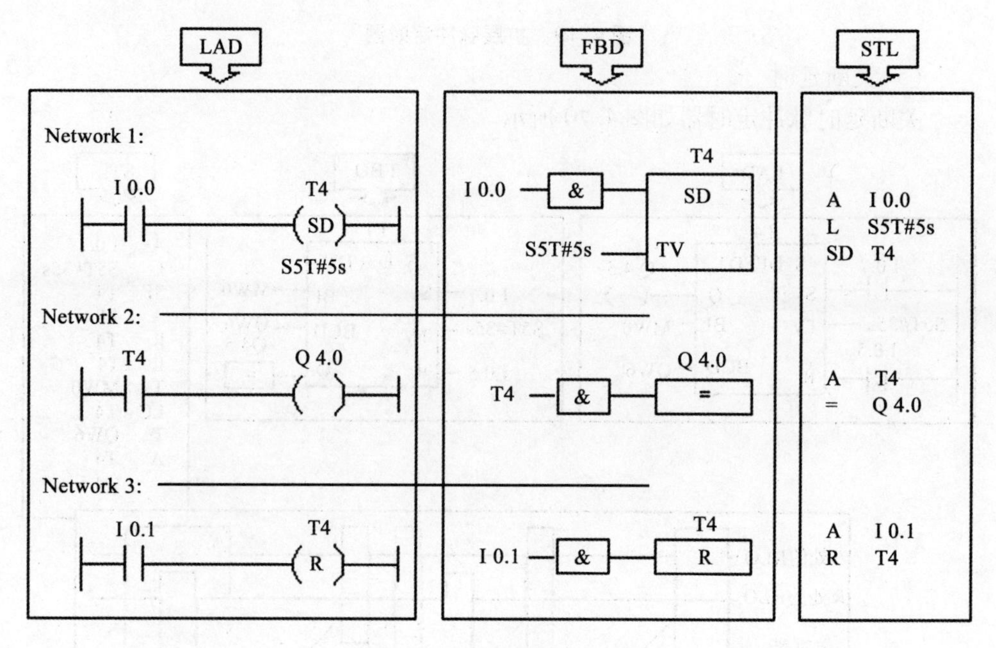

图 4. 21　定时器位指令形式

4.3　基本数学指令

S7-300/400 指令集支持多种计算功能，所有指令都有相同的格式。

EN——如果在允许输入 EN 处的 RLO = “1”，就执行计算。

ENO——如果结果超出了数据类型允许的范围，溢出位 OV = “Overflow” 和 OS = “Stored Overflow” 被置位，允许输出 ENO = 0。这可以防止和 ENO 有关的后续操作继续执行。

IN1，IN2——IN1 处的值作为第一个地址读入，IN2 处的值作为第二个地址读入。

OUT——数学操作的结果存储在输出 OUT 的地址处。

指令如下：

加法：	ADD_I	整数加法
	ADD_DI	双整数加法
	ADD_R	实数加法
减法：	SUB_I	整数减法
	SUB_DI	双整数减法
	SUB_R	实数减法
乘法：	MUL_I	整数乘法
	MUL_DI	双整数乘法
	MUL_R	实数乘法
除法：	DIV_I	整数除法
	DIV_DI	双整数除法
	DIV_R	实数除法

4.4　数据转换指令

用户程序利用拨轮按钮输入的值执行数学功能，并把结果显示在数据显示窗中。数学功能不能用 BCD 格式执行，所以必须转换格式。S7-300/400 指令支持多种转换功能，各指令都有相同的格式。

EN，ENO——如果在允许输入 EN 处的 RLO = “1”，就执行转换。允许输出 ENO 总是和 EN 的状态相同。如果不是这样，在相关指令中指出。

IN——当 EN = “1” 时，IN 处的值读入转换指令。

OUT——转换的结果保存在 OUT 输出的地址中。

BCD_I/BTI(BCD 转换到整数)——IN 参数的内容以 3 位 BCD 码数(+/ -

999)读入，并把它转换成一个整数(16 位)。

I_BCD/ITB(整数转换到 BCD)——IN 参数的内容以整数形式(16 位)读入，并把它转换成一个 3 位 BCD 码数(+/ -999)，如果出现溢出，ENO = “0”。

BCD_DI/BTD——把 BCD 码数(+/ -9999999)转换成双整数(32 位)。

DI_BCD/DTB——把双整数转换成一个 7 位 BCD 码数(+/ -9999999)，如果出现溢出，ENO = “0”。

例如，使用整数的用户程序也需要执行除法，可能出现结果小于 1。由于这些值只能用实数表示，所以需要转换到实数。这样，首先需要把整数转换成双整数。

I_DI/ITD——整数到双整数转换。

DI_R/DTR——双整数到实数转换。

4.5 比较指令

比较指令如图 4. 22 所示。

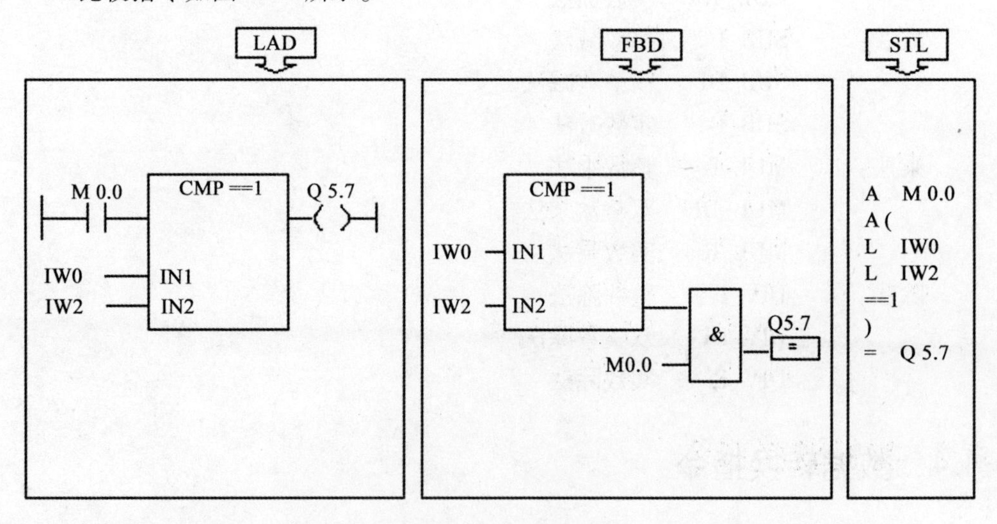

图 4. 22　比较指令

CMP——利用比较指令比较下面的一对数值。

I——比较整数(16 位定点数)。

D——比较整数(32 位定点数)。

R——比较浮点数(32 位实数 = IEEE 格式浮点数)。

如果比较结果为“真”，则操作的 RLO = “1”；否则，RLO = “0”。

用指定的条件比较输入 IN1 和 IN2 端的值：

= =——IN1 等于 IN2。

< >——IN1 不等于 IN2。

>——IN1 大于 IN2。

<——IN1 小于 IN2。

> =——IN1 大于等于 IN2。

< =——IN1 小于等于 IN2。

第5章 程序的仿真、调试与诊断

5.1 S7-PLCSIM 仿真软件使用方法

5.1.1 S7-PLCSIM 的主要功能

在计算机上对 S7-300/400 PLC 的用户程序进行离线仿真与调试。

模拟 PLC 的输入/输出存储器区来控制程序的运行，观察有关输出变量的状态。

在运行仿真 PLC 时，可以使用变量表和程序状态等方法来监视和修改变量。

可以对大部分组织块(OB)、系统功能块(SFB)和系统功能(SFC)仿真。

5.1.2 使用 S7-PLCSIM 仿真软件调试程序的步骤

使用 S7-PLCSIM 仿真软件调试程序的步骤如下。

① 在 STEP 7 编程软件中生成项目，编写用户程序。

② 打开 S7-PLCSIM 窗口，自动建立了 STEP 7 与仿真 CPU 的连接。

仿真 PLC 的电源处于接通状态，CPU 处于 STOP 模式，扫描方式为连续扫描。

③ 在管理器中打开要仿真的项目，选中“Blocks”对象，将所有的块下载到仿真 PLC。

④ 生成视图对象。视图对象包括 CPU 视图、输入视图、输出视图、中间变量视图、定时器视图、计数器视图、通用变量(Generic Variable)视图等。

⑤ 用视图对象来模拟实际 PLC 的输入/输出信号，检查下载的用户程序是否正确。

S7-PLCSIM 仿真窗口如图 5.1 所示。

图 5.1 S7-PLCSIM 仿真窗口

5.1.3　将 STEP 7 程序下载到仿真 PLC

(1)下载对象

① 用户程序。下载的用户程序保存在装载存储器的快闪存储器(FEPROM)中。CPU 电源掉电又重新恢复时，FEPROM 中的内容被重新复制到 CPU 存储器的 RAM 区。

② 系统数据(System Data)。包括硬件组态、网络组态和连接表，也应下载到 CPU。

(2)下载方法

在管理器的块工作区选择块，可用 Ctrl 键和 Shift 键选择多个块，用菜单命令“PLC→Download”将被选择的块下载到 CPU。在管理器左边的目录窗口中选择 Blocks 对象，下载所有的块和系统数据。

对块编程或组态硬件和网络时，在当前主窗口，用菜单命令“PLC→Download”下载当前正在编辑的对象。

5.2　用变量表调试程序

5.2.1　变量表的功能

变量表可以在一个画面中同时监视、修改和强制用户感兴趣的全部变量。一个项目可以生成多个变量表。变量表的功能包括监视(Monitor)变量、修改(Modify)变量、对外设输出赋值、强制变量、定义变量被监视或赋予新值的触发点和触发条件。

5.2.2　变量表的生成

生成变量表有如下几种方法：

① 在管理器中用右键生成新的变量表；

② 在变量表编辑器中，可以用主菜单“Table”生成一个新的变量表。

5.2.3　在变量表中输入变量

可以从符号表中拷贝地址，将它粘贴到变量表。

IW2 用二进制数(BIN)可以同时显示和分别修改 I 2.0 ~ I 3.7 这十六点数字量输入变量。

5.2.4　变量表的使用

① 建立与 CPU 的连接。

② 定义变量表的触发方式。用菜单命令“Variable→Trigger”打开变量表对话框并选择触发方式。

③ 监视变量。用菜单命令“Variable→Update Monitor Values”对所选变量的数值作一次立即刷新。

④ 修改变量。在STOP模式修改变量时，各变量的状态不会互相影响，并且有保持功能。在RUN模式修改变量时，各变量同时又受到用户程序的控制。

⑤ 强制变量。强制变量操作给用户程序中的变量赋一个固定的值，不会因为用户程序的执行而改变。

强制作业只能用菜单命令“Variable→Stop Forcing”来删除或终止。

5.3　用程序状态功能调试程序

5.3.1　启动程序状态

进入程序状态的条件：经过编译的程序下载到CPU；打开逻辑块，用菜单命令“Debug→Monitor”进入在线监控状态；将CPU切换到RUN或RUN-P模式。

5.3.2　语句表程序状态的显示

从光标选择的网络开始监视程序状态。右边窗口显示每条指令执行后的逻辑运算结果(RLO)和状态位STA(Status)、累加器1(STANDARD)、累加器2(ACCU 2)和状态字(STATUS…)。用菜单命令“Options→Customize”打开的对话框分STL标签页选择需要监视的内容，用LAD/FBD标签页可以设置梯形图(LAD)和功能块图(SFB)程序状态的显示方式。

5.3.3　梯形图程序状态的显示

LAD和FBD中用绿色连续线来表示状态满足，即有“能流”流过，见图4.18左边较粗较浅的线；用蓝色点状线细表示状态不满足，没有“能流”流过；用黑色连续线表示状态未知。

梯形图中，加粗的字体显示的参数值是当前值，细体字显示的参数值来自以前的循环。

5.4　使用程序状态功能监视数据块

单步与断点功能的使用如下。

进入RUN或RUN-P模式后将停留在第一个断点处。单步模式一次只执行一条指令。

程序编辑器的“Debug(调试)”菜单中的命令用来设置、激活或删除断点。执行菜单命令“View > Breakpoint Bar”后，在工具条中将出现一组与断点有关的图标。

① 设置断点与进入单步模式的条件。

- 只能在语句表中使用单步和断点功能。
- 执行菜单命令“Options→Customize”，在对话框中选择 STL 标签页，激活“Activate new breakpoints immediately(立即激活新断点)”选项。
- 必须用菜单命令“Debug > Operation”使 CPU 工作在测试(Test)模式。
- 在 SIMATIC 管理器中进入在线模式，在线打开被调试的块。
- 设置断点时不能启动程序状态(Monitor)功能。
- STL 程序中有断点的行、调用块的参数所在的行、空的行或注释行不能设置断点。

② 设置断点与单步操作。在菜单命令“Debug→Breakpoints Active”前有一个“√”(默认的状态)，表示断点的小圆是实心的。执行该菜单命令后“√”消失，表示断点的小圆变为空心的。要使断点起作用，应执行该命令来激活断点。

将 CPU 切换到 RUN 或 RUN-P 模式，将在第一个表示断点的紫色圆球内出现一个向右的黄色的箭头(见图 5.2)，表示程序的执行在该点中断，同时小窗口中出现断点处的状态字等。执行菜单命令“Debug→Execute Next Statement”，黄色箭头移动到下一条语句，表示用单步功能执行下一条语句。执行菜单命令“Debug→Execute Call(执行调用)”将进入调用的块。块结束时将返回块调用语句的下一条语句。

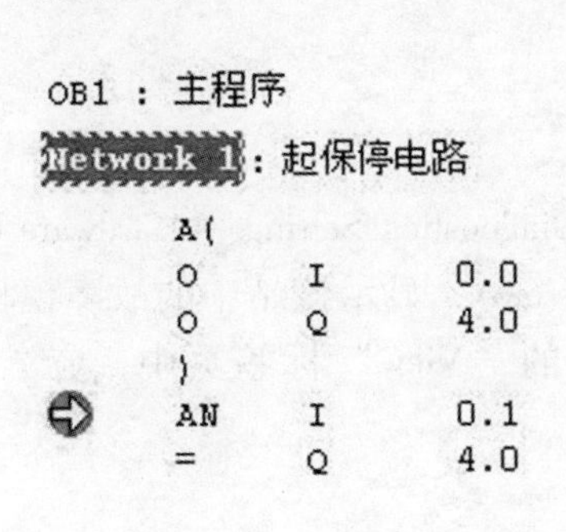

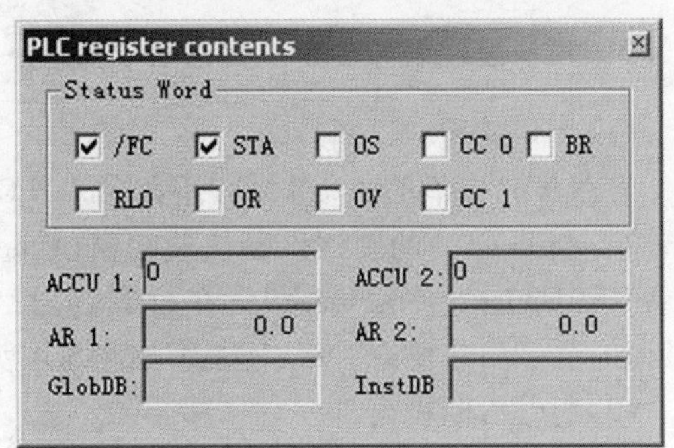

图 5.2　断点与断点处 CPU 寄存器和状态字的内容

为使程序继续运行至下一个断点，执行菜单命令“Debug→Resume(继续)”。

菜单命令“Debug→Delete Breakpoint”删除一个断点，菜单命令“Debug→

Delete All Breakpoint”删除所有的断点。执行菜单命令“Show Next Breakpoint”，光标跳到下一个断点。

5.5 故障诊断

诊断符号如图5.3所示。

图5.3　诊断符号

在管理器中用“View→Online”打开在线窗口，查看是否有CPU显示诊断符号。

5.5.1 模块信息在故障诊断中的应用

打开模块信息窗口，建立在线连接后，在管理器中选择要检查的站，执行菜单命令“PLC→Diagnostics/Settings→Module Information”，显示该站中CPU模块的信息。诊断缓冲区(Diagnostic Buffer)标签页中，给出了CPU中发生的事件一览表。

最上面的事件是最近发生的事件。因编程错误造成CPU进入STOP模式，选择该事件，并点击“Open Block”按钮，将在程序编辑器中打开与错误有关的块，显示出错的程序段。

5.5.2 用快速视窗和诊断视窗诊断故障

(1)用快速视窗诊断故障

管理器中选择要检查的站，用命令“PLC→Diagnostics/Settings→Hardware Diagnose”打开CPU的硬件诊断快速视窗(Quick View)，显示该站中的故障模块。用命令“Option→Customize”，在打开的对话框的“View”标签页中，应激活“诊断时显示快速视窗”。快速视窗如图5.4所示。

(2)打开诊断视窗

诊断视窗实际上就是在线的硬件组态窗口。在快速视窗中点击“Open Station Online”(在线打开站)按键，打开硬件组态的在线诊断视窗。

在管理器中与PLC建立在线连接。打开一个站的“Hardware”对象，可以打开诊断视窗。

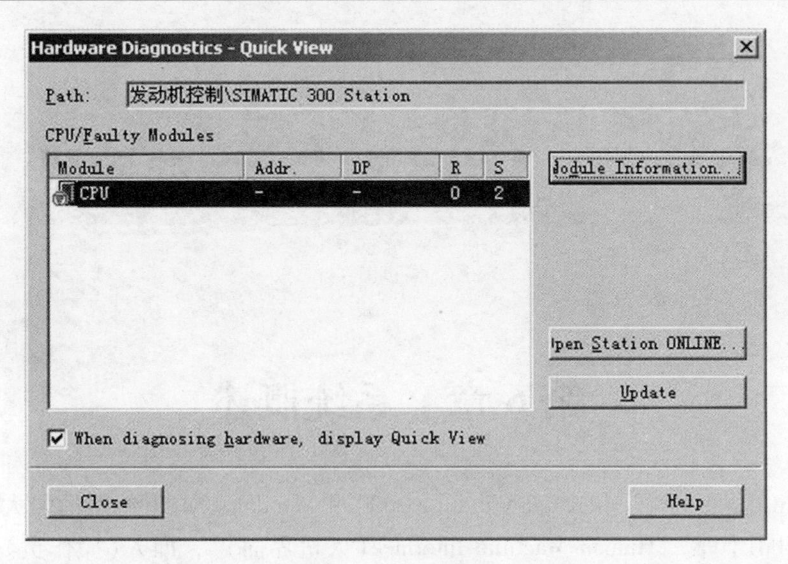

图 5.4　快速视窗

(3)诊断视窗的信息功能

诊断视窗显示整个站在线的组态。用命令“PLC > Module Information”查看其模块状态。

第 2 篇　WinCC 7.0 的应用

第 6 章　系统概述

WinCC 是一个在 Microsoft Windows 2000 和 Windows XP 下使用的强大的 HMI 系统。HMI 代表“Human Machine Interface(人机界面)”，即人(操作员)和机器(过程)之间的界面。自动化过程(AS)保持对过程的实际控制。一方面影响 WinCC 和操作员之间的通讯，另一方面影响 WinCC 和自动化系统之间的通讯。WinCC 的通讯如图 6.1 所示。

WinCC 用于实现过程的可视化，并为操作员开发图形用户界面。WinCC 允许操作员对过程进行观察。过程以图形化的方式显示在屏幕上。每次过程中的状态发生改变，都会更新显示。WinCC 允许操作员控制过程。例如，操作员可以从图形用户界面预先定义设定值或打开阀。

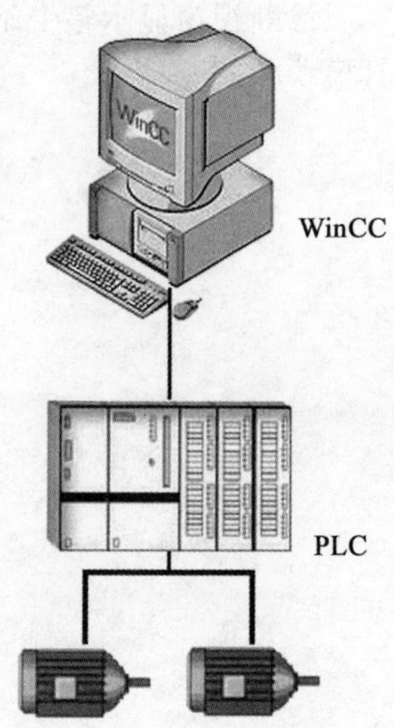

图 6.1　WinCC 的通讯

一旦出现临界过程状态，将自动发出报警信号。例如，如果超出了预定义的限制值，屏幕上将显示一条消息。在使用 WinCC 进行工作时，既可以打印过程值，也可以对过程值进行电子归档。这使得过程的文档编制更加容易，并允许以后访问过去的生产数据。

WinCC 可以将 WinCC 最优地集成到用户的自动化和 IT 解决方案中。

作为 Siemens TIA(全集成自动化)概念的一部分，WinCC 可与属于 SIMATIC 产品家族的自动化系统十分协调地进行工作。同时，也支持其他厂商的自动化系统。通过标准化接口，WinCC 可与其他 IT 解决方案交换数据，例如 MES 和 ERP 层的应用程序(如 SAP 系统)或诸如 Microsoft Excel 等程序。

开放的 WinCC 编程接口允许用户连接自己的程序，从而能够控制过程和过程数据。

可以优化定制 WinCC，以满足过程的需要。支持大范围的组态可能性，从单用户系统和客户机-服务器系统一直到具有多台服务器的冗余分布式系统。

WinCC 组态可随时修改，即使组态完成以后也可修改。这不妨碍已存在的项目。WinCC 是一种与 Internet 兼容的 HMI 系统，这种系统容易实现基于 Web 的客户机解决方案以及瘦客户机解决方案。

第 7 章　WinCC 7.0 系统结构

7.1　系统组成

7.1.1　基本 WinCC 系统

基本 WinCC 系统由下列子系统组成：图形系统，报警记录，归档系统，报表系统，通讯，用户管理。

基本 WinCC 系统由组态软件(CS)和运行系统软件(RT)组成，可使用组态软件来创建项目。运行系统软件则用于进行处理时执行项目，这样，项目就“处于运行期”。

7.1.2　WinCC 选件

WinCC 选件允许用户扩展基本 WinCC 系统的功能。每个选件均需要一个专门的许可证。

(1)可扩展的组态选件

WinCC/Server 允许一个多用户解决方案，其至多有 32 个客户机可通过 TCP/IP 直接从服务器接收数据、消息和画面。在分布式系统中，可将应用按照功能分布，或依照系统区域分布到多达 12 台服务器。WinCC/Web Navigator 有了 Web Navigator 服务器和客户机的组合，用户可以选择使用 WinCC 标准工具来为 Internet 或内部网上的可编程逻辑控制器实现操作员和监控功能的新型分布。

(2)提高可用性的选件

WinCC/Redundancy 用于组态冗余系统。通过两个互连服务器的并行操作和故障时自动切换服务器，可增强 WinCC 和系统的总体可用性。

WinCC/ProAgent 选件包可用来组态强大的过程诊断。过程诊断有助于用户在短时间内检测并消除潜在故障。这样能增加系统的可用性，减少停机时间和降低成本。

(3)过程仪器和控制系统选件

WinCC/Basic Process Control 包含的 WinCC 基本数据和扩展使 WinCC 站适于控制工程应用程序，并且只需要做最少的工程工作。画面树管理器、OS 项目编辑器和设备状态监控仪是其中包含的几个功能。

(4) WinCC/Advanced User Administrator

使用大量针对管理员与用户的安全机制支持对所有用户进行系统范围的管理。时间戳记的登录文件支持对所有动作进行详尽的评估，这是满足 FDA 要求的一个先决条件。

(5) 归档、数据评估和 IT 集成选件

① WinCC/Data Monitor 用于通过标准工具(如 Microsoft Internet Explorer 或 Microsoft Excel)来显示及评估 Office PC 上的当前过程状态和历史数据。它作为 Web 客户机运行，可获取来自 Web Navigator 服务器的当前及历史过程数据。

② WinCC/User Archives 用于在集成的 WinCC 数据库中自由存储可结构化的数据记录。在运行期间，利用一种可自由组态的 ActiveX 控件以窗体或表格显示数据记录。包含一些导入/导出功能，以通过外部应用程序(如 Excel)读入及读出数据。

(6) WinCC 组态工具

通过将显示对象标准化为相似对象(马达、泵、阀等)，使组态更简单、更能节省成本。WinCC/IndustrialX 采用 ActiveX 技术来实现过程可视化。组态助手(向导)有助于使标准显示的创建更简单。

(7) WinCC/开放式开发工具包

开放式开发工具包描述开放系统编程接口，在其帮助下，数据和函数能被组态和运行系统访问。

(8) WinCC 通讯

WinCC 提供了连接 SIMATIC PLC 的所有重要通讯通道和在 PLC 间通讯的通道(例如 OPC)。另外，还有作为 WinCC 选件的通道。

(9) WinCC/Connectivity Pack

WinCC/Connectivity Pack 包括 OPC HDA 和 OPC A&E 服务器，用于访问 WinCC 归档系统历史数据以及转发消息并通过叠加控制系统加以确认。WinCC 可以通过这些开放的标准化接口来扩充具体功能。

(10) WinCC 附加软件

WinCC 附加软件是由其他西门子部门(如 WinCC Competence Center)和外部供应商(如 WinCC Professionals and System Companies)开发和营销的。WinCC 附加软件由相关的产品供应商提供支持。WinCC 附加软件能解决许多任务，诸如维护管理(MES 软件)、能源管理、导入过滤器、水管理的工业解决方案、与其他制造商的 PLC 通讯，以及在生产部门发生报警时自动发出无线呼叫。

关于附加软件及其相关制造商联系地址的更多信息，可在 Internet 上的附加软件目录中找到。

7.2　集成到 SIMATIC 环境中

7.2.1　全集成自动化(TIA)

除了类似 WinCC 的 HMI 系统以外，完整的自动化解决方案也需要更多组件，例如自动化系统、过程总线和外围设备。它们是 WinCC 与 SIMATIC 产品家族中组件的大范围集成。这种集成有利于全局组态和编程、全局数据维护、全局通讯。

在 WinCC 中直接使用 STEP 7 符号。

全局组态和编程有利于在 WinCC 中直接使用 STEP 7 符号。

过程变量形成自动化系统和 HMI 系统之间进行通讯的链接。如果不是用于“全集成自动化”，每个变量就必须定义两次：一次针对自动化系统，一次针对 HMI 系统。这将使工作量加倍，且大大增加出错的风险。

在使用 WinCC 进行工作时，可对 STEP 7 中所定义的符号表直接进行访问。通过下列方式可直接访问 STEP 7 符号。

(1)变量选择对话框

如果选择了变量选择对话框中的“STEP 7 符号”复选框，一个具有所有可下载 STEP 7 符号的列表显示在数据窗口中。所有输入、输出、位存储器还有全局数据块都在 STEP 7 符号表中。变量选择如图 7.1 所示。

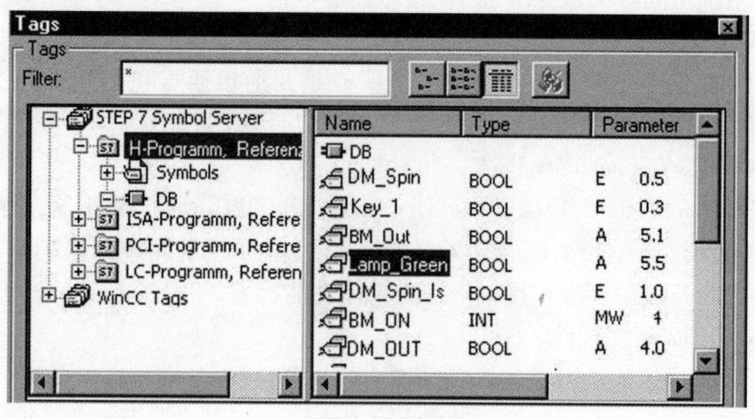

图 7.1　变量选择

(2)简化的诊断

通过全局数据维护和全局通讯大大简化了诊断。

在运行期内，可从 WinCC 直接跳转到 STEP 7 中相应的程序编辑器(KOP/

FUP/AWL)。焦点将自动位于属于过程变量的 STEP 7 符号上。该功能在故障诊断领域提供了有用的支持。

WinCC“硬件诊断”功能可用于直接从 WinCC 画面启动 S7 自动化系统中的 STEP 7“诊断硬件”功能。

“通道诊断”提供了诊断 WinCC 与 S7 自动化系统之间通讯的可能性。

在 WinCC 中，从可编程逻辑控制器自动发出 S7 系统诊断消息，并通过工具提示显示为多行消息文本。这些工具提示帮助减少系统停机时间。

WinCC/ProAgent 选件提供了广泛的诊断支持。该选件为 S7 自动化系统提供了广泛的过程诊断，且不必进行附加的组态。

7.2.2　集成在 SIMATIC PCS7 中

全局数据维护和全局通讯也有利于集成到 SIMATIC PCS7 中。SIMATIC PCS7 是西门子的过程控制系统，用于组态的工程站(ES)以及用于在运行期内对过程进行操作和监控的操作员站(OS)是 PCS7 的核心单元。WinCC 是 PCS7 的重要组成部分，应用于工程站和操作员站中。SIMATIC PCS7 如图 7.2 所示。

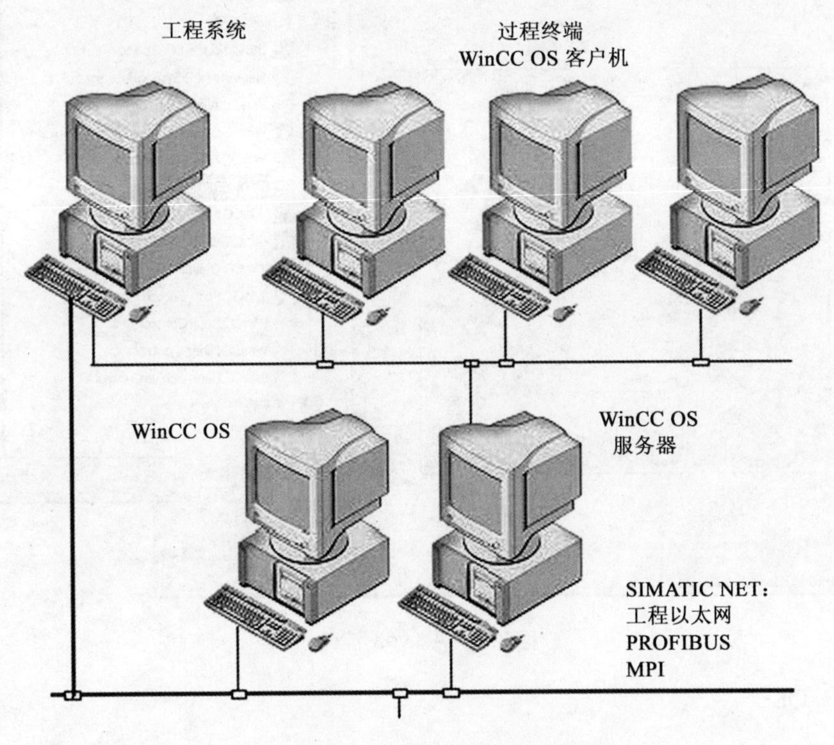

图 7.2　SIMATIC PCS7

7.3　开放性

WinCC 的开放性和标准化接口使指定扩展简单化。

7.3.1　ActiveX 控件

ActiveX 是自身具有用户接口的程序模块的 Windows 标准。这些程序模块被称做 ActiveX 控件。例如，ActiveX 控件可包含特殊按钮或图形显示元素。WinCC 提供了大量的 ActiveX 控件。附加的 ActiveX 控件可从其他供应商处获取或单独编程。使用 Visual Basic 创建单个 ActiveX 控件时，IndustrialX 选件提供支持。要确保 WinCC 功能正确运行，应在使用之前详细地测试这些控件。

使用拖放方法可将 ActiveX 控件集成到用户的 WinCC 画面中。ActiveX 控件如图 7.3 所示。

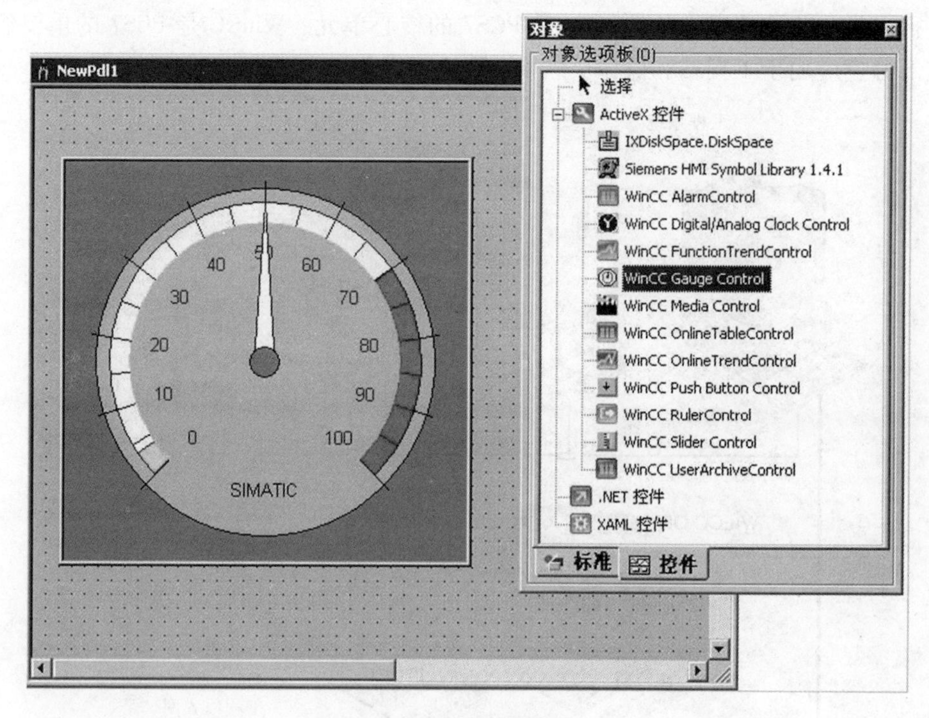

图 7.3　ActiveX 控件

7.3.2　OLE

OLE 是“Object Linking and Embedding”(对象链接和嵌入)的缩写，并且是 Microsoft Windows 应用程序之间进行数据交换的标准。它将来自一个应用程序的数据插入到用户自己的应用程序中。此处，一个典型的实例就是将图表插入到文本中，随后通过双击图表对其进行编辑。Windows 将打开原始图形程序以允许进行编辑。

例如，在 WinCC 项目中可使用这种技术将 Excel 表格集成到画面中，并使用表格中的数据作为配方数据。Excel 表格集成到画面如图 7.4 所示。

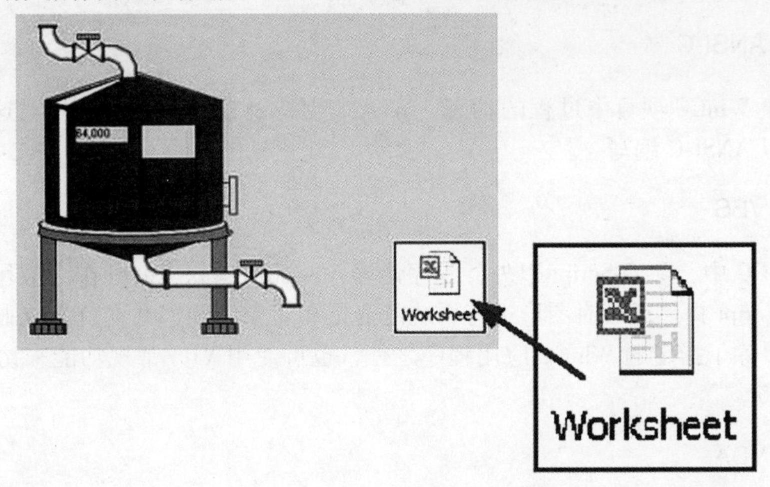

图 7.4　Excel 表格集成到画面

7.3.3　OPC

OPC 是“OLE for Process Control”(用于过程控制的 OLE)的缩写，是专门为自动化技术开发的一种 OLE 形式。使用该标准，任意 OPC 激活的组件可相互通讯。用户在组态期间不必考虑接口的具体细节。WinCC 可以是 OPC 客户机或 OPC 服务器。在作为 OPC 客户机操作时，WinCC 将访问其他应用程序的数据。当 WinCC 用做 OPC 服务器时，WinCC 数据将可供其他应用程序使用。可以进行以下类型的访问：通过 WinCC OPC DA 服务器访问 WinCC 变量；通过 WinCC OPC HDA 服务器访问归档系统；通过 WinCC OPC A&E 服务器访问消息系统。

7.3.4　SQL

SQL 可用来访问 WinCC 数据库的内容。SQL 是“Structured Query Language”(结构化查询语言)的缩写，是一种用于访问数据库的标准化语言。所查询到的数据既可以用于其他应用程序，也可以导入到其他数据库中。从实例中可以知道访问数据库能直接在数据库产生效果，以及 WinCC 项目工作的能力。

7.3.5 API

WinCC 具有 C 语言编程接口。因此，单个应用程序可以影响 WinCC，可以访问组态运行系统数据或对过程进行干预。ODK 选件(开放式开发工具)包含该接口的文档和大量实例。

7.3.6 ANSI-C

对于 WinCC 项目中过程的动态，WinCC 支持函数和动作的使用。这些函数和动作以 ANSI-C 编写。

7.3.7 VBS

WinCC 中，除 C-Script 以外，程序语言 VBScript(VBS)也可作为应用程序接口。VBScript 提供运行时图形运行系统的变量和对象访问，并允许独立画面动作的执行。除了指定的 WinCC 应用程序之外，也可使用 VBS 常规功能来访问 Windows 环境。

7.3.8 VBA

VBA(Visual Basic for Applic ation)接口是自定义 WinCC 的另一个选择。在图形编辑器中，组态时可以用 VBA 自动频繁地循环工作步骤。此外，可以利用支持 VBA 的 Microsoft Office 家族产品。

7.3.9 ADO/OLE DB

可以通过 ADO/OLE DB 接口访问 WinCC 归档数据库。

7.4 典型组态

使用 WinCC 可实现各种不同的系统组态。用户不限于使用已经选择的组态，单用户应用程序可随时转换到多用户应用程序。这样有利于逐步实现对项目的扩展。

原则上，在使用 WinCC 进行工作时，可能具有下列系统组态：单用户系统；具有一台服务器和多台客户机的多用户系统；具有多台服务器的分布式系统；中央归档服务器；集中长期归档服务器；具有最大可用性的冗余系统；通过企业内部网或 Internet 连接到客户机的 Web 客户机系统。

7.4.1 单用户系统

单用户系统是最简单的组态形式。安装有 WinCC 的 PC 可作为 WinCC 数据库的服务器，也可作为访问这些数据库的客户机。过程总线用于将单用户系统连接到自动化系统。PC也可集成到LAN中。单用户系统操作模式如图7.5所示。

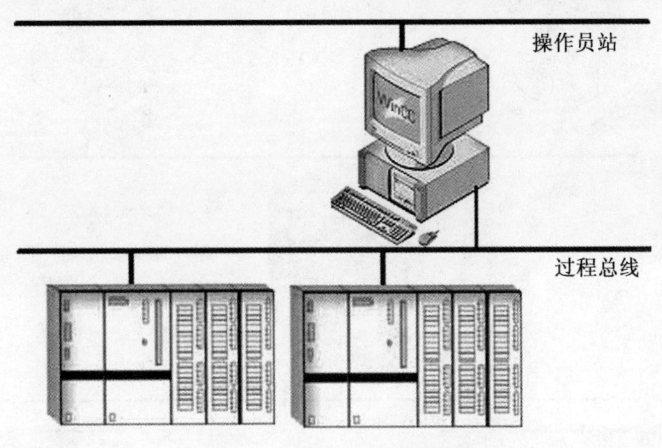

图7.5 单用户系统操作模式

单用户系统最常用于生产领域，也可用于操作和监控大型项目内的独立子过程或设备零件。

在单用户操作的情况下，必须在PC上安装基本WinCC系统的许可证。可用的过程变量最大数目将取决于许可证。

7.4.2 多用户系统

多用户系统由一台服务器和多个操作员站(客户机)组成。通常对小型系统，即数据不需要分布到多个服务器的情况下，组态带有过程驱动器连接的单服务器。多个操作员站通过过程驱动器连接访问服务器上的项目。单个操作员站可以执行相同或不同的任务。客户机和服务器通过LAN或ISDN进行连接。标准协议TCP/IP用于与服务器进行通讯。过程总线用于将服务器连接到自动化系统。在多用户系统的情况下，没有必要组态客户机。服务器负责实现所有公共功能：连接自动化系统；协调客户机；为客户机提供过程值、归档数据、消息、画面和协议。所有客户机均可利用服务器的主要服务。每台客户机都将增加服务器的工作负载。

多用户系统操作模式如图7.6所示。

下列场合中需要多用户系统。

① 希望在不同的操作控制台上显示与同一过程相关的不同信息。例如，用户可以使用一个操作控制台来显示过程画面，使用第二个操作控制台专门实现显示和确认消息。操作控制台既可以并排布置，也可以位于完全不同的位置。数据由服务器提供。

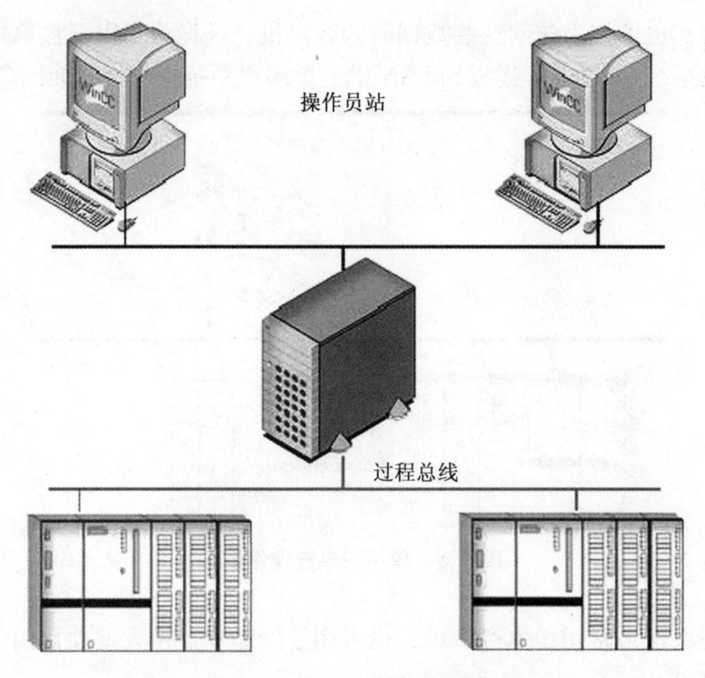

图 7.6　多用户系统操作模式

② 希望从多个位置来操作过程，例如，沿生产线的不同位置，发布用户授权来定义某些操作控制台上的操作员可利用的功能。

多用户系统中客户机的最大数目在一台服务器上可运行多达 32 台客户机。为了操作客户机-服务器模式，必须安装 WinCC Basis System、WinCC Option 服务器版的许可证以及 Microsoft Windows 2003 服务器版操作系统。对于一台客户机，最小的运行系统许可证(Runtime 128)就已经足够了。

7.4.3　分布式系统

WinCC 可以用于组态分布式系统，系统中的客户机能够查看各个服务器，因此可有效地操作和监视大型系统。在多个服务器中分配任务，其结果是减少了加载到单个服务器上的负载。这可使得系统性能更高、实现更大型的典型应用。例如，分布式系统用于同一任务要由多个操作员站和监视站(客户机)完成的大型系统上。

要将不同操作员和监视任务分布到多个操作员站，例如显示一个系统的全部消息的中央客户机。分布式系统操作模式如图 7.7 所示。

客户机/服务器方案使用 WinCC 可以根据应用程序实现不同的客户机-服务器方案。

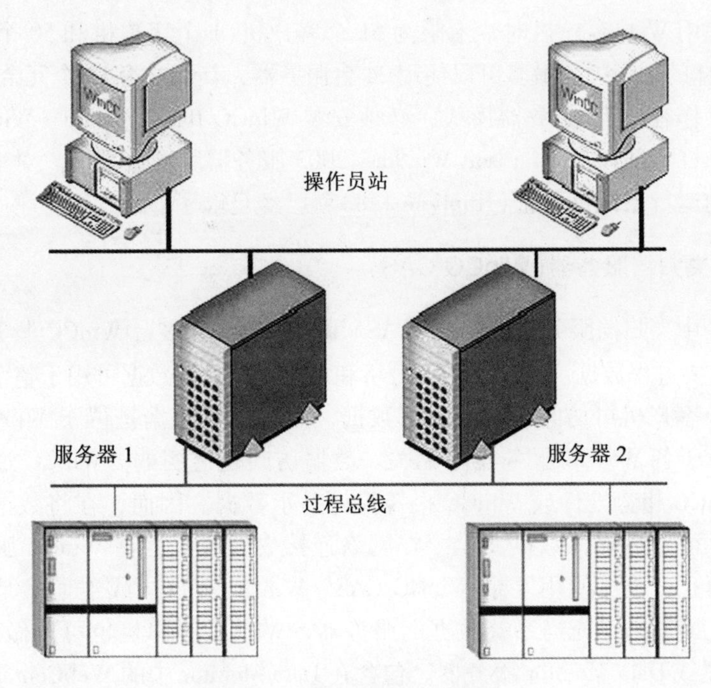

图 7.7　分布式系统操作模式

① 工艺分布：对于大型系统，为了以结构化的、实际的方式显示系统，通常采用工艺分布。每个服务器负责一个从工艺上划分的系统区域，例如某一压滤或烘干单元。

② 功能分布：每个 WinCC 服务器只负责某一具体的任务类型，例如消息处理或归档。

例如，使用文件服务器以在文件服务器上集中保存系统组态，并通过网络从 WinCC 工程师站打开该系统组态。

③ 使用服务器/服务器通讯：一台服务器访问另一台服务器的过程数据。不管是何种情况，客户机都无直接到过程的访问或链接。客户机通过访问特定服务器的数据来操作和观察过程。

在分布式系统上的客户机可用于不同方面。一个客户机可以查看一个或多个服务器，用途取决于任务。通过分布式系统，可以从 WinCC 中的客户机：访问多个服务器上的数据；从访问客户机远程组态服务器项目；自动将来自服务器项目的更新数据分布到网络中的相关计算机。

可以使用 WinCC 组态混合系统，也就是说，在分布式系统中，将客户机和 Web 客户机一起使用。如果仅使用客户机，则在 WinCC 网络中至多有 32 个并行客户机可访问服务器。在运行系统中，一个客户机可以访问最多 12 个服务器/服务器对。使用 Web 客户机时，上限为 51 个客户机(1 个客户机和 50 个 Web 客户机)。在这样的系统中，最多可以使用 24 台服务器，其形式为 12 个冗余服务器对。

为了操作客户机-服务器模式，必须安装 WinCC Basis System、WinCC Option 服务器版的许可证以及 Microsoft Windows 2003 服务器版操作系统。对于一台客户机，最小的运行系统许可证(Runtime 128)就已经足够了。

7.4.4　中央归档服务器(WinCC CAS)

WinCC 中央归档服务器(WinCC CAS)用于集中归档多台 WinCC 服务器和其他数据源的重要过程数据。这样，用于分析和可视化的过程数据可用于整个公司。

WinCC 客户机可访问系统的全部数据，而与这些数据是位于 WinCC CAS 上还是仍旧位于各 WinCC 服务器上无关。数据访问是透明的。WinCC 过程图像也可通过 WinCC 趋势控件或 WinCC 报警控件显示数据。因而，在将数据传送到中央归档时，可始终确保数据安全。在网络连接失败时，会在 WinCC 服务器上缓冲数据。而且，也可使用冗余 WinCC CAS。WinCC 客户机或连通站是系统的中央访问点。连通站可充当系统数据的服务器，WinCC 客户机也可用做 Web Navigator 服务器或 Data Monitor 服务器。包含在 Data Monitor 中的 WebCenter 可更好地显示及评估数据。中央归档服务器操作模式如图 7.8 所示。

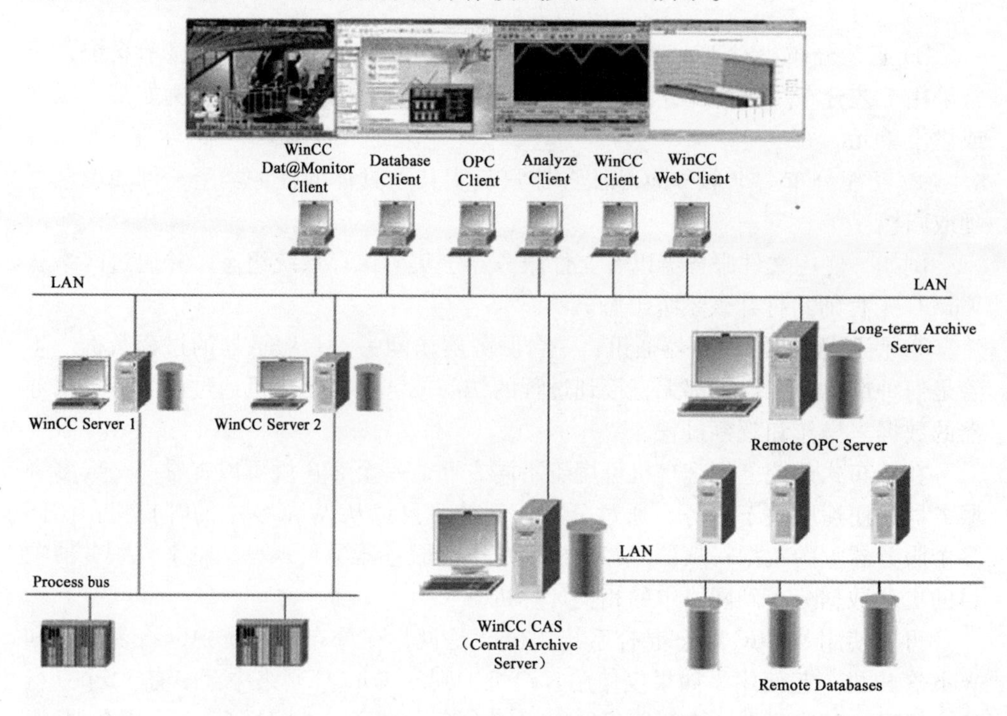

图 7.8　中央归档服务器操作模式

7.4.5　集中长期归档服务器

例如，集中长期归档服务器用于每月备份过程值归档的数据库文件副本一次。长期归档服务器以不连接到过程的服务器形式来实现，具有到过程的连接的服务器则可传送归档备份。有多种方法来访问交换归档数据：使用 WinCC/DataMonitor Web Edition 选件中基于浏览器的 Data View 进行远程访问(LAN、WAN、Internet)；使用 WinCCOLE-DB 访问；在 WinCC 运行系统上复制数据库文件；使用 WinCC 过程画面来访问。

集中长期归档服务器操作模式如图 7.9 所示。

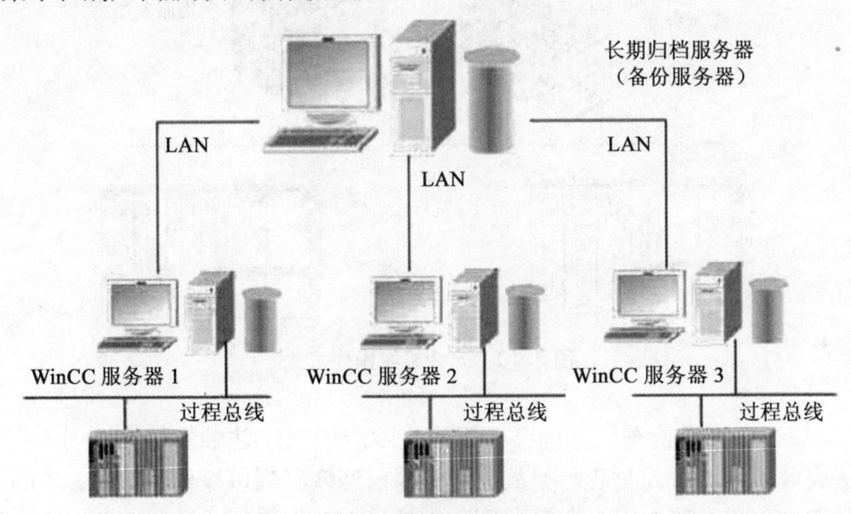

图 7.9　集中长期归档服务器操作模式

7.4.6　冗余系统

可以为每台现有的服务器运行另一台冗余服务器。这样，所有的过程值和消息将在两台服务器上进行处理和归档。如果其中一台服务器出现故障，则所连接的客户机将自动转向另一台服务器。可以在客户机上操作和监控过程而几乎不会发生中断。冗余系统操作模式如图 7.10 所示。

冗余系统增加了可用性。在必须保证服务器出现故障情况下过程数据和消息的归档不会中断时，总是使用这种系统。冗余服务器可集成到多用户系统或分布式系统中。如果操作不出现故障，则两台服务器完全并行运行。自动化系统将所有的数据同时传递给两台服务器。每台服务器处理自己的数据。

如果其中一台服务器出现故障，则连接到该服务器的客户机将自动转向冗余服务器。在服务器出现故障期间，系统将自动执行从默认(主机)服务器到冗余服务器的客户机切换。下列因素会引起服务器的切换：与服务器的网络连接出现故障；服务器出现故障；过程连接故障。

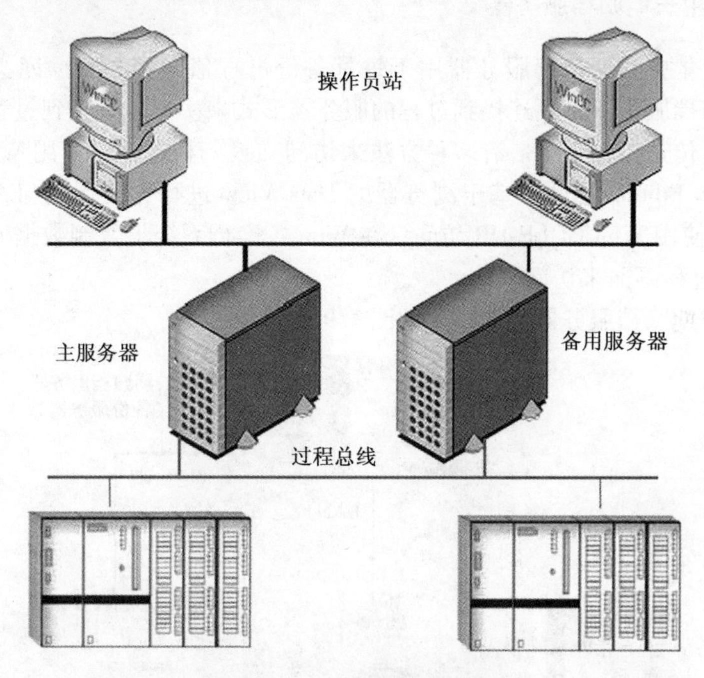

图 7. 10 冗余系统操作模式

“应用程序正常检查”功能已检测到故障应用程序并触发切换。切换保证无数据丢失并可继续操作过程。当故障服务器已经恢复到可操作状态时，WinCC 将通过传递自发生故障起冗余服务器所记录的所有数据来同步该服务器。

在冗余服务器的情况下，除了用于基本 WinCC 系统的许可证以外，还必须在每台服务器上安装用于 WinCC 冗余选件的许可证。

7. 4. 7 Web 客户机系统

在使用 Web 客户机系统时，用户将能够通过 Internet 或内部网操作和监控过程。当访问 WinCC Web Navigator 服务器时，每台 Web 客户机必须能够识别自己。这样，Web 客户机将能够按照其访问权限监控或控制过程。WinCC Web Navigator 基于标准 HTTP 协议，并支持所有的常规安全机制。过程中的任何变化均将由 WinCC Web Navigator 服务器自动通知给 Web 客户机。当前过程值和消息总是显示在 Web 客户机上。

一台 Web 客户机可以通过 WinCC Web Navigator 服务器同时访问多达 12 台服务器。这意味着可执行跨系统评估。Web Navigator 控制客户机(操作员和监控)和管理客户机(监控)是有区别的。Web 客户机系统操作模式如图 7. 11 所示。

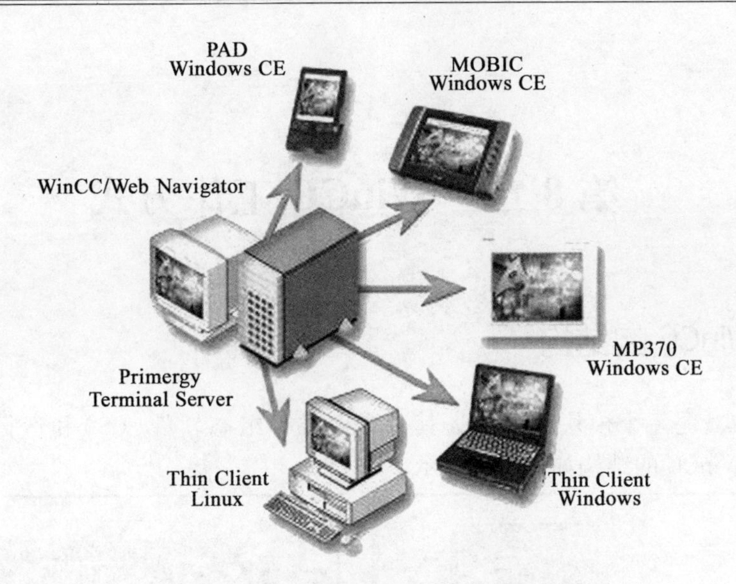

图7.11 Web客户机系统操作模式

Web客户机用于下列领域：在只能通过Internet或内部网建立远程访问时；为了辅助进行移动的远程诊断和故障修正；为了以低廉的成本建立大量的客户机；在应用具有分散型结构或仅仅零星地访问过程信息的情况下；为了实现瘦客户机解决方案，使用终端/服务器技术，诸如用于移动解决方案的手提式电脑、PDA或现场操作员站和操作面板；为了通过Internet或内部网上的WinCC在线/归档数据支持Excel评估，Data Monitor用于评估。

集成的Web发布向导将自动地把用户画面转换为适合Web的格式。然而，在进行组态时，必须注意与Web访问相关的一些特征。可在文档中找到更多相关信息。

若是WinCC Web Navigator服务器操作，除了用于基本WinCC系统的许可证以外，还必须在服务器上安装用于WinCC Web Navigator的许可证。

有可供3、10、25或50台可同时访问Web服务器的客户机使用的许可证。Web Navigator客户机可以同时访问多台不同的Web Navigator服务器。

有一个专门用于远程诊断的单机许可证，仅用于偶尔访问Web服务器。这种情况下的Web Navigator许可证在客户机上(Web Navigator诊断客户机)，该客户机至多可同时访问12台服务器。客户机上不一定要安装基本WinCC系统的许可证。

WinME、WinNT、Win2000和WinXP操作系统支持Web客户机。客户机上必须安装有Internet Explorer 6或更新的版本。客户机不必分别安装，只需通过网络从其Web Navigator服务器获取基本组件即可。

第 8 章　WinCC 工作方式

8.1　WinCC 的结构

WinCC 是一个模块化系统，其基本组件是组态软件(CS)和运行系统软件(RT)。WinCC 的结构如图 8.1 所示。

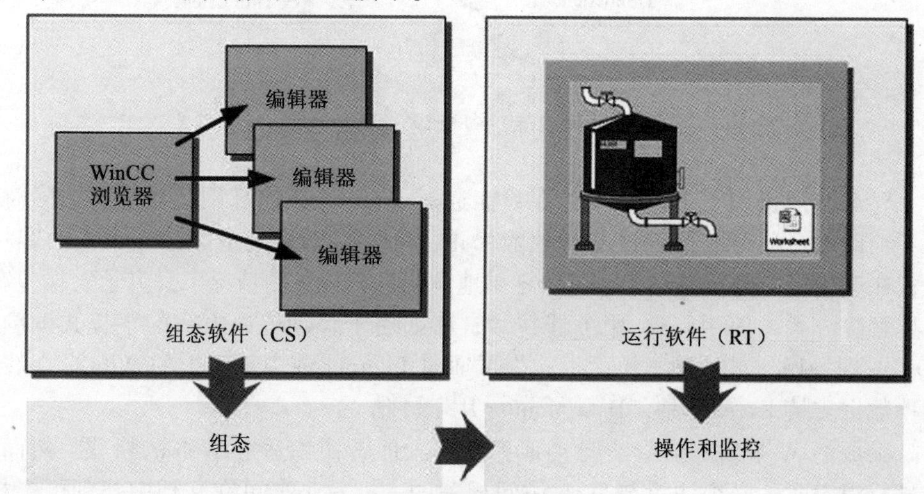

图 8.1　WinCC 的结构

8.1.1　组态软件

在启动 WinCC 之后，将立即打开 WinCC 项目管理器。WinCC 项目管理器构成了组态软件的核心。整个项目结构将显示在 WinCC 项目管理器中，也可在其中对项目进行管理。

已经提供了可从 WinCC 项目管理器中调用的用于组态的特定编辑器。每个编辑器都用于组态一个特定的 WinCC 子系统。

最重要的 WinCC 子系统如下。

图形系统——用于创建画面的编辑器称做图形编辑器。

报警记录系统——用于对消息进行组态的编辑器称做报警记录编辑器。

归档系统——用于确定对何种数据进行归档的编辑器称做变量记录编辑器。

报表系统——用于创建报表布局的编辑器称做报表编辑器。

用户管理——顾名思义，用于管理用户的编辑器称做用户管理器。

通讯——它在 WinCC 项目管理器中直接组态。

所有的组态数据均保存在 CS 数据库中。

8.1.2　运行系统软件

运行系统软件允许用户对过程进行操作和监控。它主要用于执行下列任务：将读出已经保存在 CS 数据库中的数据；可在屏幕中显示画面；可与自动化系统进行通讯；可对当前的运行系统数据进行归档，例如，过程值和消息事件；可对过程进行控制，例如，通过设定值输入或切换“开”与“关”。

8.1.3　性能参数

性能参数将直接取决于所使用的硬件以及组态系统所采用的方式。可在 WinCC 信息系统的“性能参数”中找到不同的系统组群实例。

8.2　图形系统

8.2.1　图形系统的任务

图形系统用于创建在运行系统中描述过程的画面。图形系统处理下列任务：显示静态和操作者可控制的画面元素，例如文本、图形或按钮；更新动态画面元素，例如根据过程值修改棒图长度；对操作员输入作出反应，例如单击按钮或输入域中的文本输入。

8.2.2　图形系统的组件

图形系统由组态和运行系统组件组成。

图形编辑器是图形系统的组态组件。图形编辑器是用于创建画面的编辑器。

图形运行系统是图形系统的运行系统组件。图形运行系统将显示运行期内画面上的图片，并管理所有的输入和输出。图形系统的画面如图 8.2 所示。

8.2.3　库

模块库将有助于用户以一种显著有效的方式创建用户画面。可在组态期间使用拖放方式将模块库中的对象插入画面。模块库如图 8.3 所示。

所提供的模块库包含大量的已预编译的对象，这些对象已根据主题(例如阀、电机、电缆、显示仪器等)进行了排序。

可在项目库中存储自定义对象，并可随意重新使用。

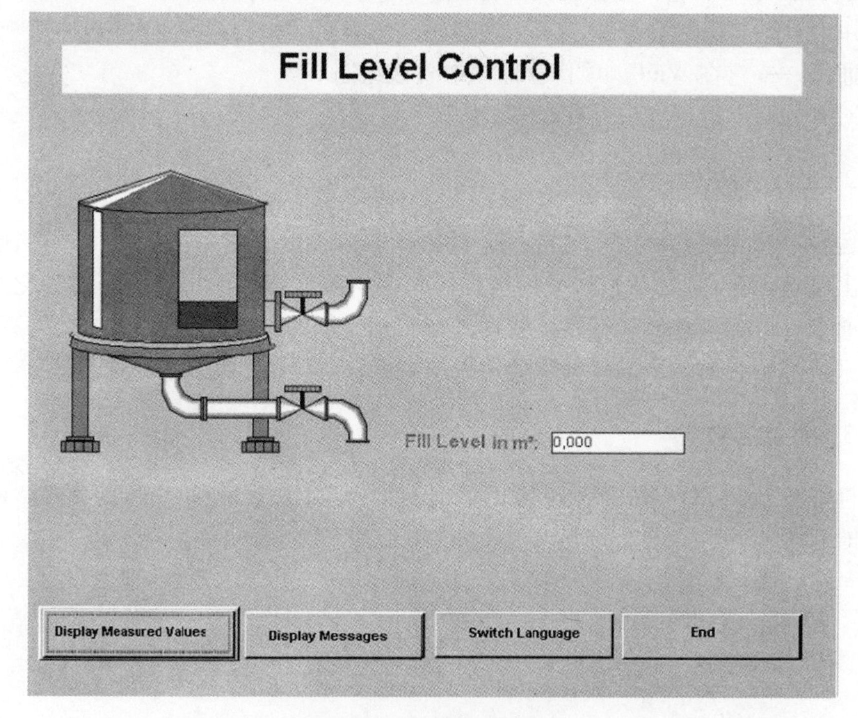

图 8.2　图形系统的画面

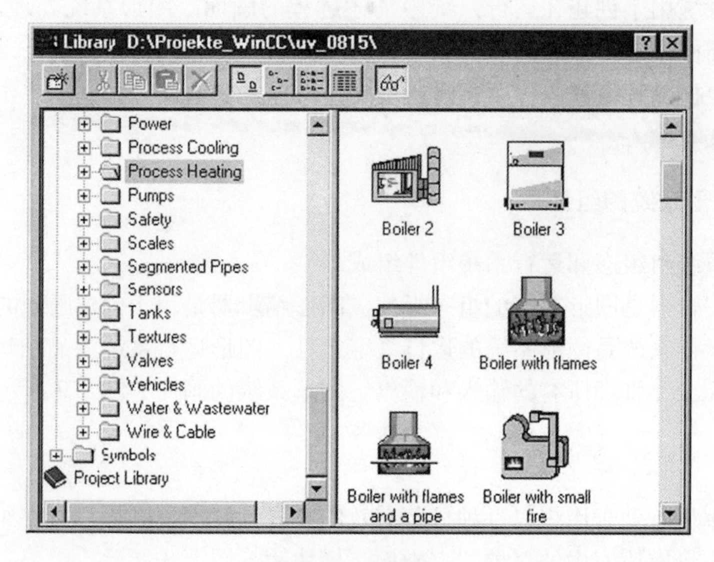

图 8.3　模块库

8.2.4　图形系统中的 VBA

用 VBA 可自定义图形系统的功能。

使用 VBA 时，可以：组态时自动频繁地循环工作步骤；创建用户定义的菜单和工具栏；用 VBA 宏替换所有将由鼠标执行的动作；对图形编辑器中或想要在画面中创建新对象时画面中的事件作出反应；动态化画面和对象的属性及事件；利用支持 VBA 的 Microsoft Office 家族产品，也就是说，有机会从 Excel 表格中读取数值，然后将其分配到对象属性。

下面介绍动态化过程画面。

WinCC 具有宽泛的选件，可用于动态化过程画面的图形对象。

① 使用动态向导进行动态化：执行向导时，将定义预组态的 C 动作和触发事件并将其传送在对象属性中。

② 通过变量连接进行动态化：例如，对象背景色就可直接被变量影响。

③ 用直接连接进行动态化：这种动态类型可用于事件反应。

④ 使用动态对话框进行动态化：例如，动态对话框可用于监控变量状态。

⑤ 使用 VBS 动作进行动态化：画面调用时可执行 VBS 动作，例如打开登录对话框。

⑥ 使用 C 动作进行动态化：C 动作可用于动态化对象属性并对事件作出反应，例如当超出变量限制值时，改变显示元素颜色。

8.3　报警记录

8.3.1　报警系统任务

报警给操作员提供了有关过程故障和错误的信息。它们有助于尽早检测重要情况和避免停机时间。组态过程中，定义用于触发过程消息的事件。例如，这个事件可以是设置 PLC 中的某个特定位或过程值超出预定义的限制值。

报警系统由组态和运行系统组件组成。

报警记录编辑器是报警系统的组态组件。报警记录用于确定报警应该何时出现以及它们应该具有什么类型和内容。图形编辑器也可处理特定的显示对象，即 WinCC 报警控件，它用于显示消息。

报警记录运行系统是消息系统的运行系统组件。当处于运行期时，报警记录运行系统负责执行已定义的监控任务。它也可对消息输出操作进行控制，并管理这些消息的确认。

消息将以表格形式显示在 WinCC 报警控件中。报警记录如图 8.4 所示。

图 8.4　报警记录

8.3.2　消息块

消息的内容由消息块组成。每个消息块对应于 WinCC 报警控件中列表的一列。可对消息中所应包含的消息块进行定义。

(1) 消息块的分类

存在 3 组消息块。

① 具有系统数据的系统块，例如，日期、时间、消息号和状态。

② 具有过程值的过程值块，例如，当前的填充量、温度或转速。

③ 具有说明性文本的用户文本块，例如，包含与故障位置和原因相关信息的消息文本。

(2) 消息的基本状态

在 WinCC 中，上述 3 种消息状态的基本类型之间存在着差别。

① 消息将保留其“激活”状态，直到启动事件不再存在的时刻，即引发消息的原因不再存在的时刻。

② 一旦原因不再存在，消息就将处于“已清除”状态。

③ 消息可组态，操作员必须对其进行确认。随后，消息将处于“已确认”状态。在消息显示中显示每个消息的当前状态：“激活”“已清除”“已确认”。每个状态均有不同的颜色。

8.3.3　组消息

在组态期间，任何所需数目的消息均可概括在一组消息中。只要至少有一个所指定的单个消息出现在队列中(逻辑“或”)，就将出现组消息。当队列中没有任何单个消息时，组消息将消失。可使用组消息来为操作员提供对系统的更清晰的概括，并简化某些情况的处理。

8.3.4　消息类别

在组态期间，可选择为每个消息分配一个消息类别。这样处理的优点是，用户可随后为所有的消息类别完成大量的默认设置，以取代为各个消息单独完成这些设置。在一个项目内可任意定义多达 16 个的消息类别。

8.3.5 消息归档

WinCC 中的归档管理提供了归档过程值和消息的机会，这样可为操作和错误状态创建指定的文档。Microsoft SQL 服务器用于归档。

所谓消息事件的消息被归档。消息事件描述了消息采用新状态的那一时刻。根据消息的三种基本状态，存在下列消息事件："激活""已清除""已确认"。

可在归档数据库中保存消息事件，并将其书面归档为消息报表。例如，在数据库中归档的消息可在消息窗口中输出。

8.3.6 归档类型

WinCC 使用可组态大小的短期归档来归档消息，这些归档可组态成有备份或没有备份。用户可以为网络中的归档文件选择任意存储介质。例如，WinCC 服务器的硬盘或独立的归档服务器。

8.4 归档系统

8.4.1 归档系统的任务

可随时显示当前的过程值。然而，如果希望显示过程值的发展进程，例如，采用图表或表格的形式，则需要访问历史过程值。这些值均存储在过程值归档中。

在实践中，这种暂时性显示极为重要，因为它们有助于在早期发现问题。例如，如果料罐的填充量这一时期以来一直在下降，则可能是出现了渗漏的结果，对此，要立即加以考虑以防止生产中断或消除机器将要受到损坏的危险。

对各个历史过程值进行访问还具有另一个优点，例如，这将有助于在出现产品问题时随时确定某些过程值有多高。

除了用于过程值的处理以外，还可以用于对消息进行归档。在 WinCC 信息系统的"消息系统"中可以找到更多信息。

8.4.2 归档系统的组件

过程值归档系统由组态和运行系统组件组成。

变量记录编辑器是归档系统的组态组件。可选择组态过程值归档和压缩归档，定义采集和归档周期并选择想要归档的过程值。

变量记录运行系统是归档系统的运行系统组件。变量记录运行系统负责在运行期内将必须要进行归档的过程值写入过程值归档。变量记录运行系统还负责从过程值归档中读出已归档的过程值，例如，在为了显示某个控件或为了进行下一步计算而需要这些过程值的时候。

过程数据输出过程数据可以画面显示或以报表输出。过程数据输出如图 8.5 所示。

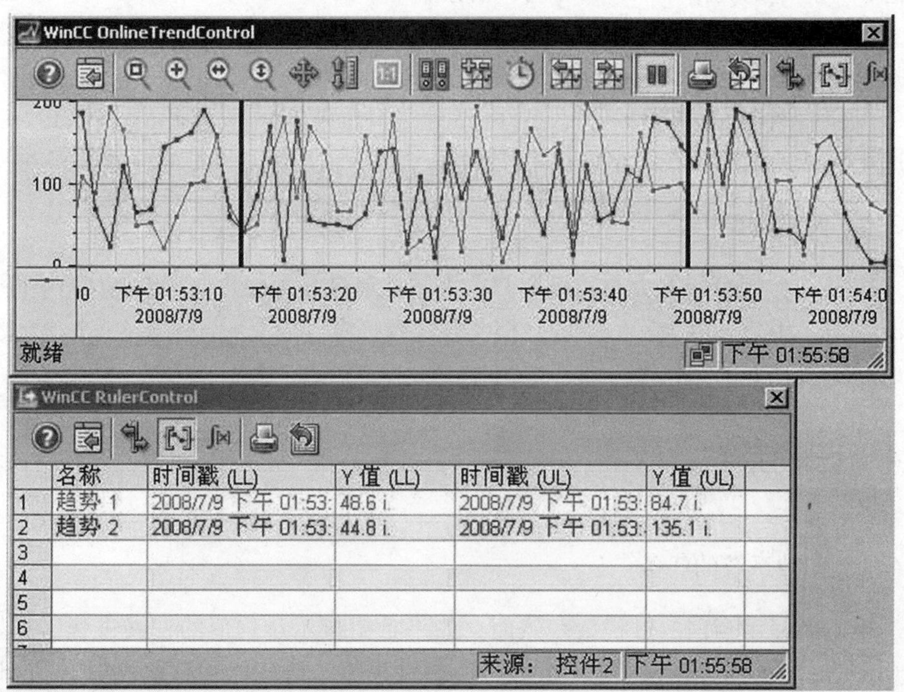

WinCC OnlineTableControl

	时间列 1	数值列 1	数值列 2
52	2008/7/24 下午 05:14:00	125	20
53	2008/7/24 下午 05:14:01	28	9
54	2008/7/24 下午 05:14:02	195	41
55	2008/7/24 下午 05:14:03	129	65
56	2008/7/24 下午 05:14:04	0	152
57	2008/7/24 下午 05:14:05	60	139
58	2008/7/24 下午 05:14:06	31	152
59	2008/7/24 下午 05:14:07	31	159

就绪　行 58　列 1　下午 05:14:36

图 8.5　过程数据输出

可以在画面中输出过程值的时间进程。图形编辑器中有 3 个控件可用于输出：WinCC Online Trend Control 和 WinCC Function Trend Control 用于图形显示；WinCC Online Table Control 用于表格显示；利用 WinCC Trend Ruler Control，可以显示统计信息。

用户可以从归档数据库以报表格式打印出过程值。也可以在表格和图形之间选择输出格式。在报表编辑器中，这两种输出格式都具有预定义布局：屏幕快照显示运行系统中的 WinCC Online Trend Control 和 WinCC Ruler Control，以及 WinCC Online Table Control。

8.4.3　归档时间

在组态期间，用户可定义：将要归档的过程值；将要写入过程值的归档；将要对过程值进行归档的时间。

归档周期和用于控制归档时间的事件。例如，在固定的时间周期或只是在过程值的变化达到某个特定量或百分比时，才归档过程值。

8.4.4　归　档

过程值可存储在硬盘上的归档数据库中，或存储在变量记录运行系统的主存储器中。可以使用不同的归档方法来归档过程值。例如，用户可以在任意时刻监控单个过程值并使该监控依赖于某些事件。可以归档快速变化的过程值，而不会导致系统负载的增加。用户可以压缩已归档的过程值来减少数据量。

8.4.5　换出归档

用户可以从归档数据库换出过程值作为备份。所有包含在数据缓冲区的过程值都可换出。执行换出的时间取决于 Archive Manager 中的组态。

软件要求在 WinCC 基本系统中，可能已组态了 512 个归档变量。若有更多的归档变量，可使用另一种按可组态的最大变量数量来分类的许可证。

8.5　报表系统

报表系统具有两种报表类别：报表中的组态数据；报表中的运行系统数据。

关于项目文档的报表包含了组态数据的概况，例如，项目中所使用的所有变量、函数和图形的表格。运行系统文档的报表为过程建立文档。以下是用于此目的的一些选件：

消息顺序报表按时间顺序输出所有消息的列表，既可以逐页进行打印，也可以在消息事件发生之后立即逐行打印；

归档报表列出了已经保存在某个特定消息归档中的所有消息；

变量表以表格形式在过程值和压缩归档中记录变量的信息和内容；

同样可以记录其他并非源自 WinCC 的应用程序数据，存在各种不同的日志对象，可用于将这种数据集成在 WinCC 日志中。

8.5.1　报表系统的组件

报表系统由组态和运行系统组件组成。

报表编辑器是报表系统的组态组件。报表编辑器用于按照用户要求采用预定义的默认布局或创建新的布局。报表编辑器还可用于创建打印作业以便启动输出。报表运行系统是报表系统的运行系统组件。报表运行系统从归档或控件中取得数据用于打印，并控制打印输出。

图 8.6 显示了一个简单报表。

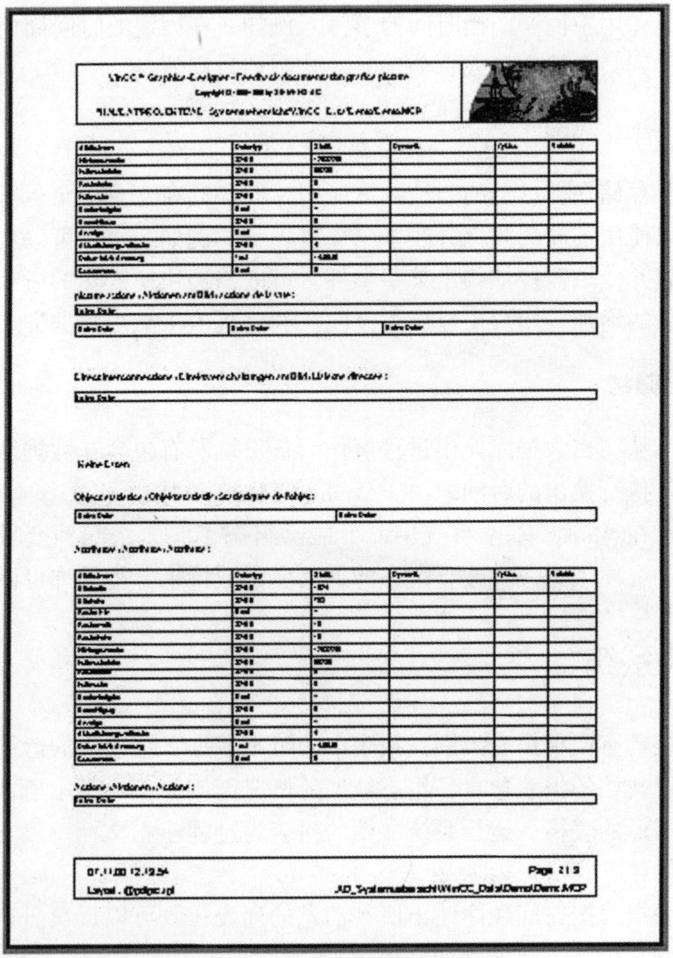

图8.6　简单报表

8.5.2　打印作业

操作员通过组态软件可实现项目文档报表的打印。用户通过打印作业控制运行系统文档报表打印。打印作业将确定：是否打印报表以及何时打印报表；打印所要使用的布局；将在哪台打印机上打印以及打印输出什么文件。

可用下列任意方式输出报表：

时间驱动——例如，以每小时或每日为基准或每次轮班时；

事件驱动——例如，超出某一限制值时；

按要求——例如，通过键操作。

8.6　通　讯

WinCC 与自动化系统之间的通讯将通过各自的过程总线来实现，例如以太网或 PROFIBUS。通讯将由称做通道的专门通讯程序来控制。WinCC 有针对自动化系统 SIMATIC S5/S7/505 的通道以及与制造商无关的通道，例如 PROFIBUS DP 和 OPC。此外，对于所有的公共控件，有各种作为选件或附加件的可选通道可用。

与其他应用程序的通讯，例如与 Microsoft Excel 或 SIMATIC ProTool，将借助于 OPC(过程控制的 OLE)来实现。当使用 WinCC OPC 服务器时，数据将通过 WinCC 对其他应用程序可用。其他 OPC 服务器的数据也可通过 OPC 客户机由 WinCC 来接收。

8.6.1　与自动化系统进行通讯

过程变量可形成用于在 WinCC 和自动化系统之间进行数据交换的链接。WinCC 中的每个过程变量对应于某个所连接的自动化系统存储区中的一个确定的过程值。在运行期内，保存该过程值的数据区将由 WinCC 从自动化系统中读出，从而允许确定过程变量的值。

WinCC 还可将数据写回自动化系统。该数据随后将由自动化系统进行处理。采用这种方式，用户可使用 WinCC 来控制过程。与自动化系统进行通讯如图 8. 7 所示。

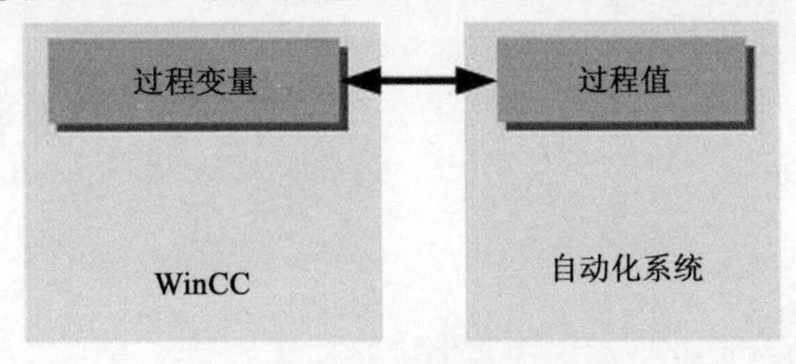

图 8. 7　与自动化系统进行通讯

8.6.2 通过 OPC 通讯

OPC 客户机可以通过集成 OPC 服务器访问 WinCC 数据。下列访问类型是可能的：通过 WinCC OPC DA 服务器访问 WinCC 变量；通过 WinCC OPC HDA 服务器访问归档系统；通过 WinCC OPC A&E 服务器访问消息系统。

(1)逻辑连接

通过逻辑连接可实现 WinCC 与自动化系统之间的通讯。这些逻辑连接以分层方式排列成多个等级。这些单个的等级反映在 WinCC 项目管理器的分层结构上。逻辑连接如图 8.8 所示。

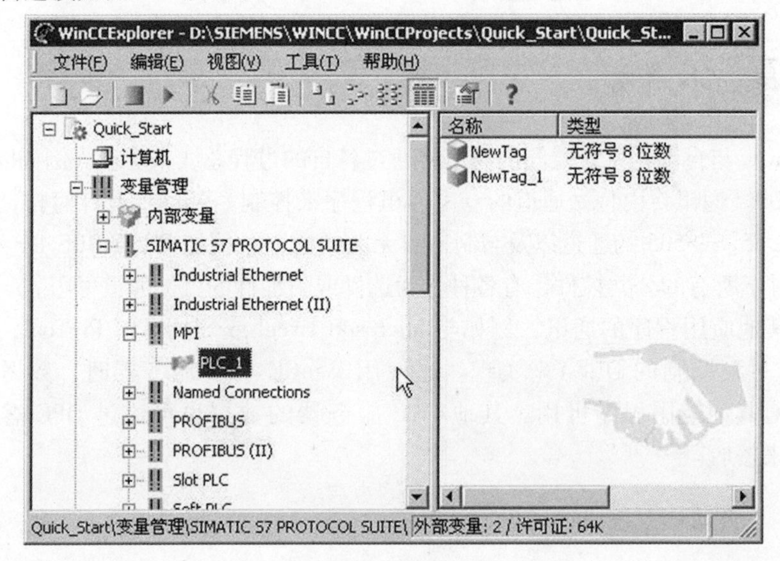

图 8.8 逻辑连接

(2)通道单元

通讯驱动程序位于最高等级。它们也可称为通道(例如通道“SIMATIC S7PROTOCOL SUITE”)，为通过通道的通讯提供了一个或多个协议。协议用于确定所要使用的通道单元(例如“MPI”)。于是，该通道单元可和确定的协议一起用于访问某个特定类型的自动化系统。

通道单元可用于建立到多个自动化系统的逻辑连接，其通讯将通过通道单元进行(例如自动化系统“SPS1”)。因此，逻辑连接表示与单个的、已定义的自动化系统的接口。

(3)过程变量

自动化系统的过程变量在出现各个逻辑连接的情况下，将显示在数据窗口的右边(例如过程变量“MyTag1”)。

8.6.3　运行系统中的通讯过程

运行期内需要最新的过程值。正是由于有了逻辑连接，WinCC 才能知道过程变量位于哪个自动化系统上以及将要使用哪个通道来处理数据通讯量。过程值将通过通道进行传送。所读入的数据将存储在 WinCC 服务器的工作存储区中。

通过通道可优化必要的通讯步骤，采取这种方式，可最大限度地减少通过过程总线进行的数据通讯量。运行系统中的通讯过程如图 8.9 所示。

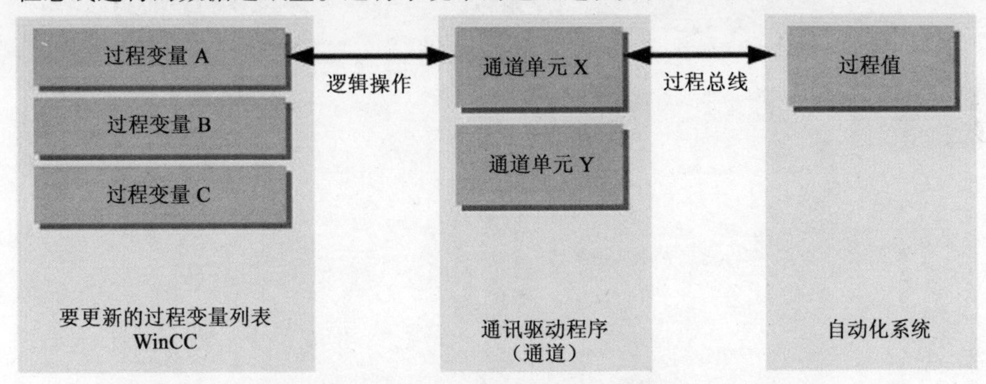

图 8.9　运行系统中的通讯过程

8.7　WinCC 功能图表

图 8.10 概括了 WinCC 子系统之间的相互关系。这提供了关于组态所要使用的次序的重要信息。例如，报表编辑器为报表和记录的输出提供打印作业。只有在报表编辑器中组态相应布局时数据才能打印。

作业流程如下。

用户可使用组态软件中的编辑器来创建项目。所有的 WinCC 编辑器可将其项目信息存储在组态数据库中（CS 数据库）。

在运行期内，项目信息将由运行系统软件从组态数据库中读出，并执行项目。当前的过程数据将暂时存储在运行系统数据库（RT 数据库）中，图形系统将画面显示在屏幕上。相反地，它还将接收操作员的输入，例如当操作员单击某个按钮或输入一个值时。

WinCC 与自动化系统之间的通讯可通过通讯驱动程序或“通道”来实现。通道的任务是收集所有运行系统组件的过程值要求，从自动化系统中读取过程变量的值，并在必要时将新的值写入自动化系统。

可通过 OPC、OLE 方式来实现 WinCC 与其他应用程序之间的数据交换。

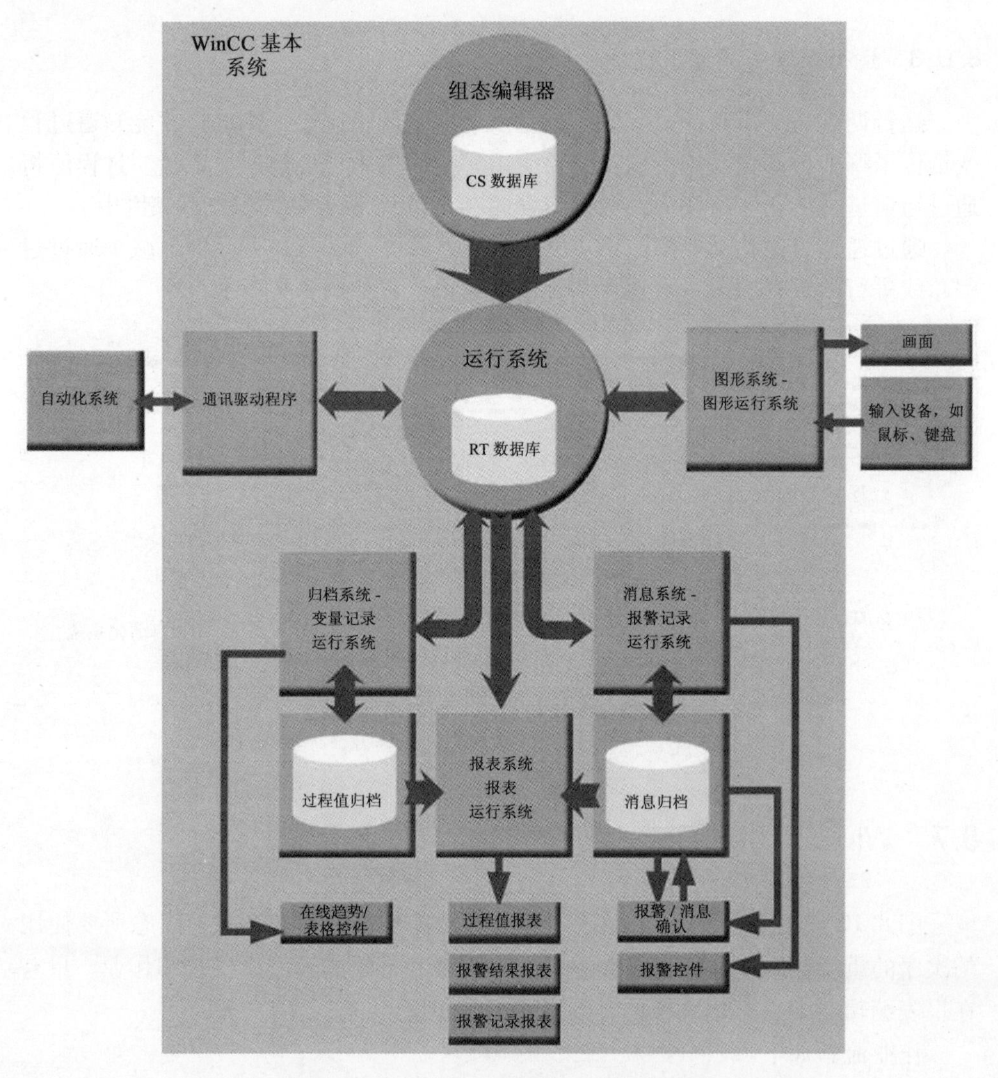

图 8.10　WinCC 子系统之间的相互关系

归档系统将把过程值保存到过程值归档中。例如，归档的过程值用来在线趋势控件或在线表格控件中显示这些值的临时进展。

单个的过程值由报警记录进行监控。如果超出限制值，报警记录将生成一条将在报警控件中出现的消息。消息系统还将接收操作员的确认并管理消息状态。报警记录将把所有的消息保存在消息归档中。

报表系统将根据要求或在预先设置的时间里对过程进行文档生成。为此可访问过程值归档和消息归档。

第 9 章　使用 WinCC 进行组态

9.1　使用 WinCC 进行组态

9.1.1　组　态

WinCC 无须一定使用编程语言，就可方便地创建复杂的项目。使用 WinCC 工作时将具有一个视觉焦点，这类似于使用绘图程序工作时的情况。助手(向导)将指导用户完成复杂的任务。预编译的函数和图形库将简化例行的工作。

9.1.2　WinCC 项目管理器

在打开 WinCC 之后，WinCC 项目管理器将立即出现。它可看做项目管理的一个主要工具。WinCC 项目管理器如图 9.1 所示。

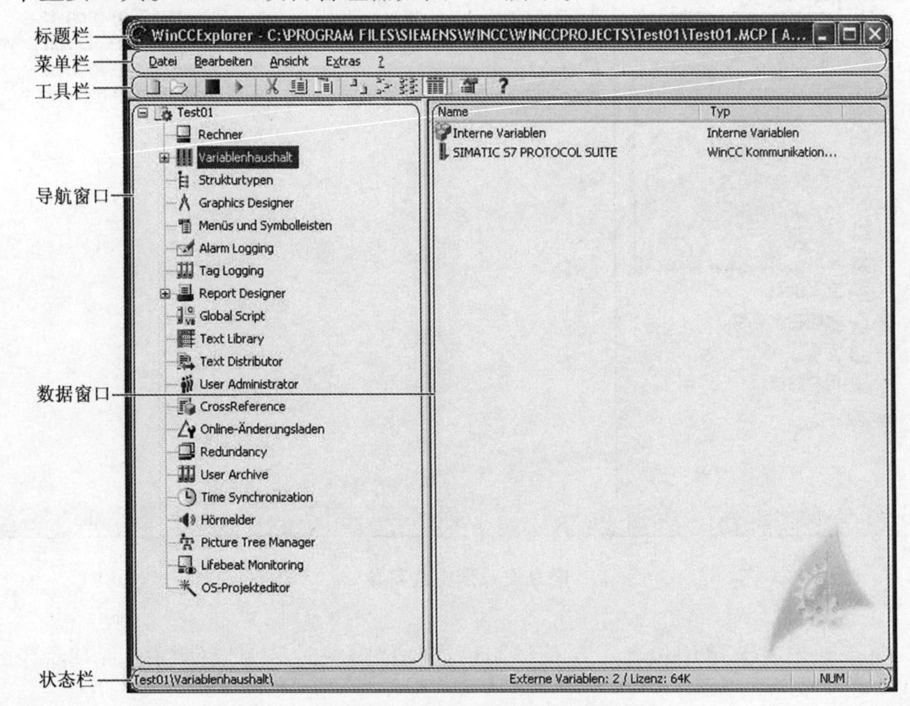

图 9.1　WinCC 项目管理器

WinCC 项目管理器由如下 3 个区域组成。

① 通过菜单可访问所有可用命令。使用最频繁的命令已用符号表示在工具栏中。

② 可以在项目浏览窗口中找到 WinCC 的所有组件。

③ 数据窗口的内容将随项目浏览窗口中已选组件的不同而变化。数据窗口将表示哪些对象或定义属于该组件。例如，对于图形编辑器，这将是用户项目的画面。

9.1.3　弹出式菜单

在 WinCC 中，项目浏览窗口中的各个组件以及数据窗口中的各个对象均提供弹出式菜单。例如，如果希望打开图形编辑器的弹出式菜单，则可单击(使用鼠标右键)项目浏览窗口中具有该名称的组件。弹出式菜单如图 9.2 所示。

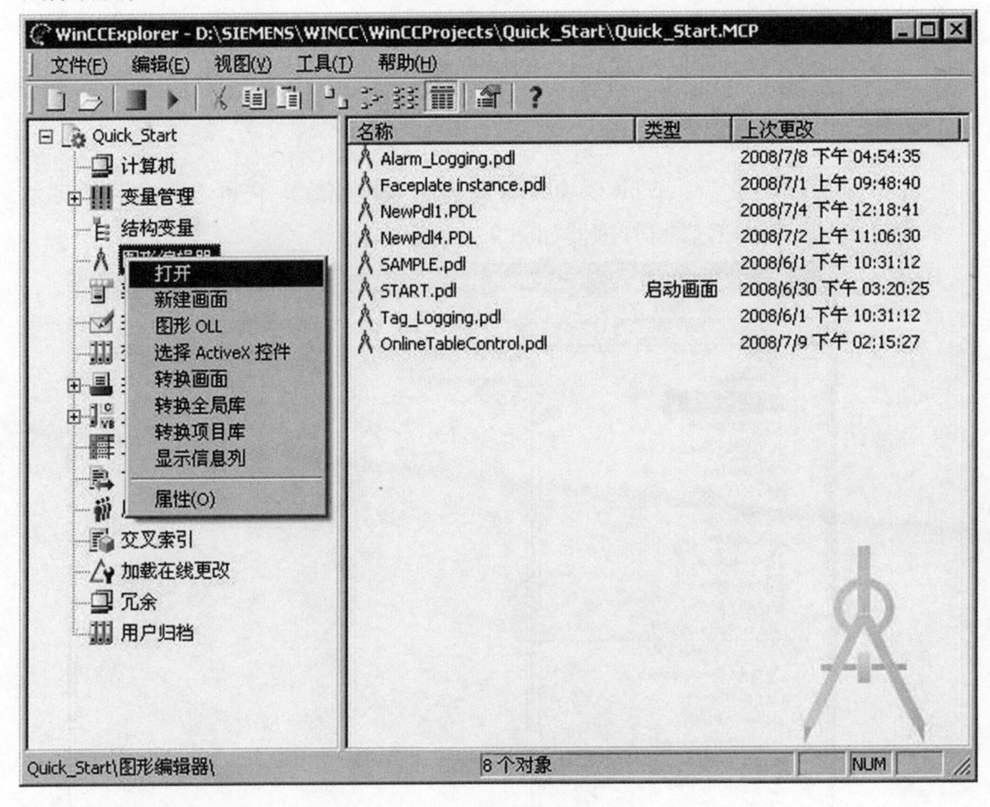

图 9.2　弹出式菜单

每个弹出式菜单均包含了在选择组件或选择对象时最频繁使用的所有命令的列表。

9.2　项目的设置与管理

在 WinCC 项目管理器中，用户能够对项目进行设置和管理。项目助手可指导用户完成设置阶段。

9.2.1　使用项目助手进行组态

选择菜单项“文件” > “新建”时，项目助手将自动打开。助手将询问项目类型(单用户或多用户项目)、项目名称和存储位置。单用户项目如图 9.3 所示。

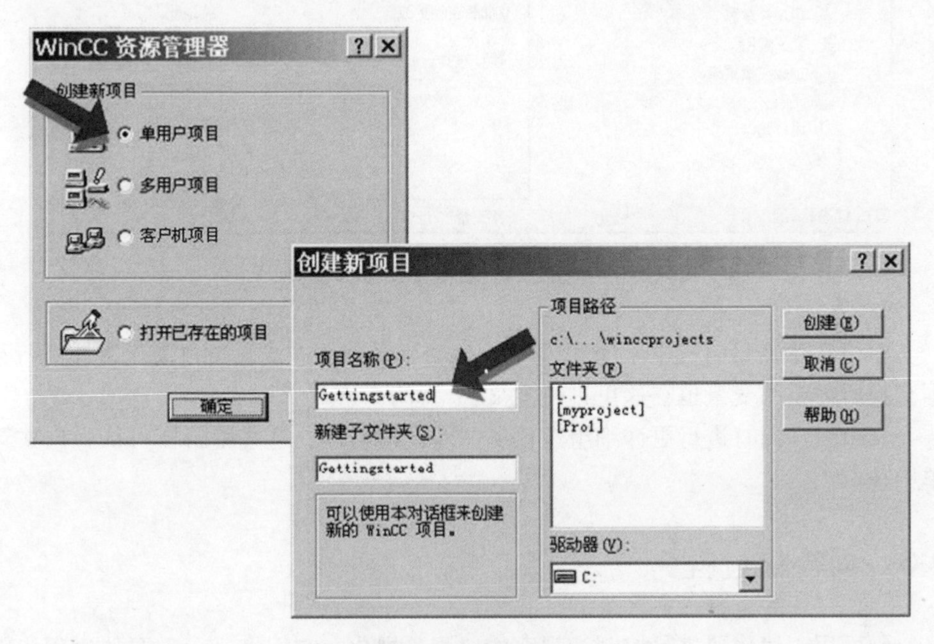

图 9.3　单用户项目

一旦助手设置了项目，由项目助手创建的项目基本数据将出现在 WinCC 项目管理器中。项目名称将出现在 WinCC 项目管理器的标题栏中。项目管理器如图 9.4 所示。

9.2.2　使用 WinCC 项目管理器进行组态

用户还可使用 WinCC 项目管理器来管理项目。

使用组件“计算机”可组态单个的操作员控制台。这里，用户还可定义在激活项目时应启动哪个运行系统组件。

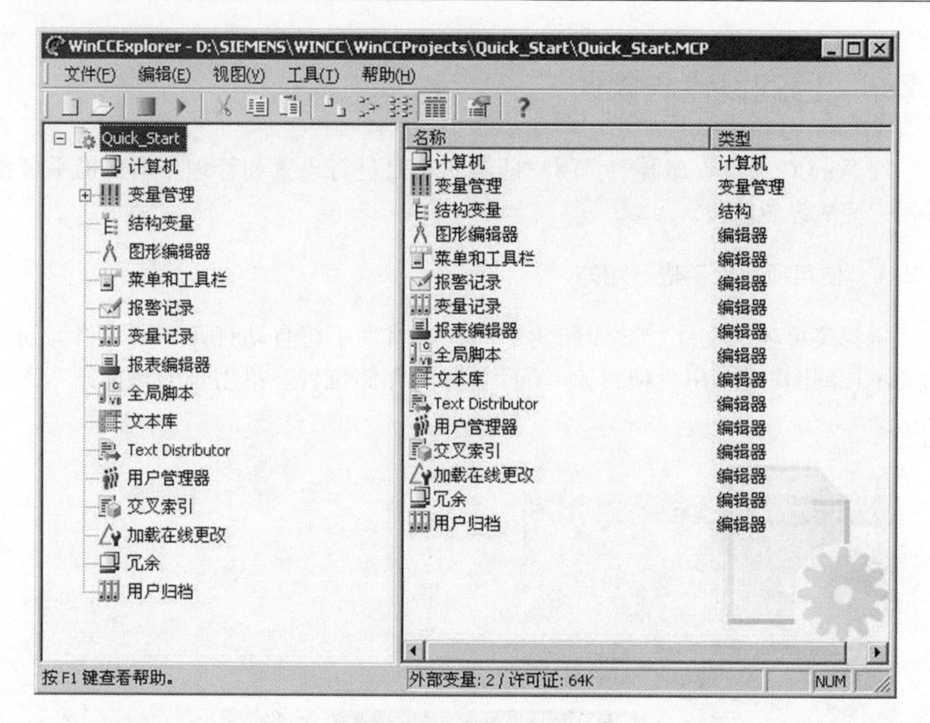

图 9.4 项目管理器

在组件“变量管理器”下可建立与自动化系统的连接。与自动化系统进行数据交换所需要的变量也在这里进行定义。

其余组件拥有进行更详细组态任务的专门编辑器。这些编辑器可从弹出式菜单中选取。

9.3 可视化过程

画面用于使将要进行控制和观察的过程可视化。它们将显示重要的过程步骤或工厂部分并以图解方式表示生产过程。每个画面均由多个画面元素组成。

静态画面元素在运行期内将保持不变。

动态画面元素将根据单个过程值的变化而变化。棒图是动态画面元素的一个实例，棒图的长度取决于当前的温度值。另一个实例就是具有移动指针的指针工具。

可控的画面元素将允许操作员主动干预过程。这些元素可以是按钮、滚动条或用于输入特定过程参数的文本框。

在绝大多数情况下，项目都由多个画面组成。每个画面表示了不同的过程步骤或显示了特定的过程数据。

为了允许操作员根据当时的情形需要在各种不同的画面之间进行切换，必须将可由操作员控制的相应按钮插入到各个画面中。这里，应使用单击时可选择另一个画面的按钮。画面的按钮如图 9.5 所示。

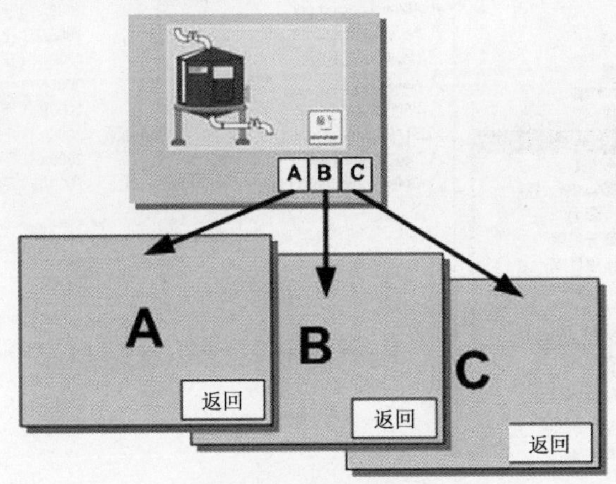

图 9.5　画面的按钮

或者，也可使用图形编辑器或 WinCC 项目管理器创建仍然为空的新画面。如果用户希望立即处理各个画面，则使用图形编辑器将更为迅速。然而，如果用户希望在对画面进行处理之前创建全部所需画面，则建议用户使用 WinCC 项目管理器。

9.3.1　使用 WinCC 项目管理器进行组态

在 WinCC 项目管理器中，用鼠标右键单击条目“图形编辑器”以便打开弹出式菜单。单击“新建画面”可将一个新的空白画面插入到数据窗口中。新建画面如图 9.6 所示。

随后的处理步骤也可通过弹出式菜单来进行。要访问这些步骤，只需使用鼠标右键单击新建的画面。最重要的菜单条目是“重命名”和“打开”。菜单项“重命名”可用于为画面分配一个更有意义的名称(说明：如果在 WinCC 项目管理器中重命名画面，一个画面名称请只使用一次。软件不会检查该名称是否已存在。重复的画面名称会在通过 VBA 访问期间或动态期间导致冲突)，菜单项“打开”用于打开画面以在图形编辑器中处理。

9.3.2　使用图形编辑器进行组态

图形编辑器的结构类似于作图程序，而且操作方式也类似。任何需要的元素均可使用鼠标拖放到用户画面中。随后即可对元素进行定位，并根据需要修改大小、颜色和其他显示选项。图形编辑器如图 9.7 所示。

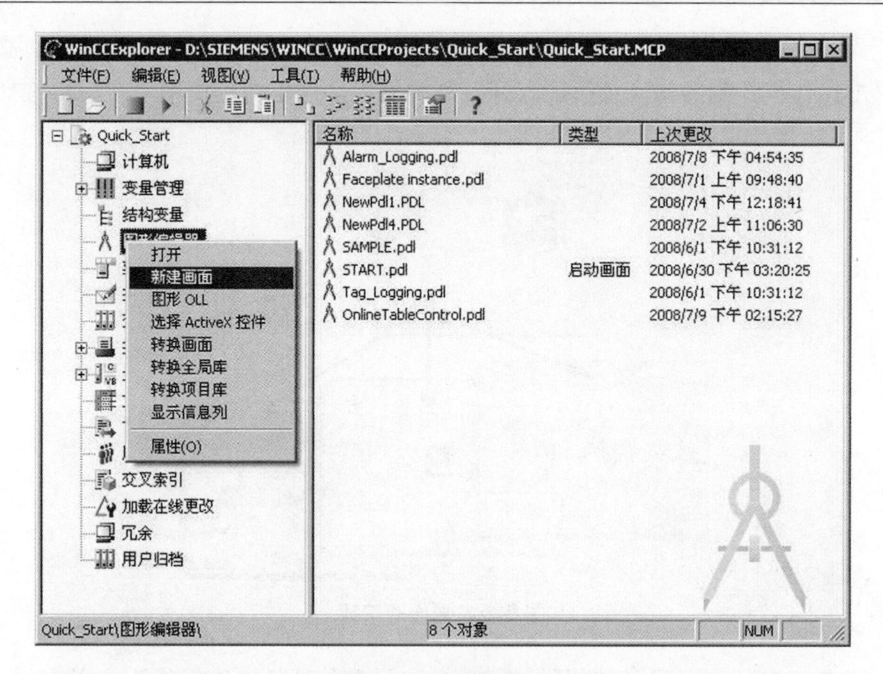

图 9.6　新建画面

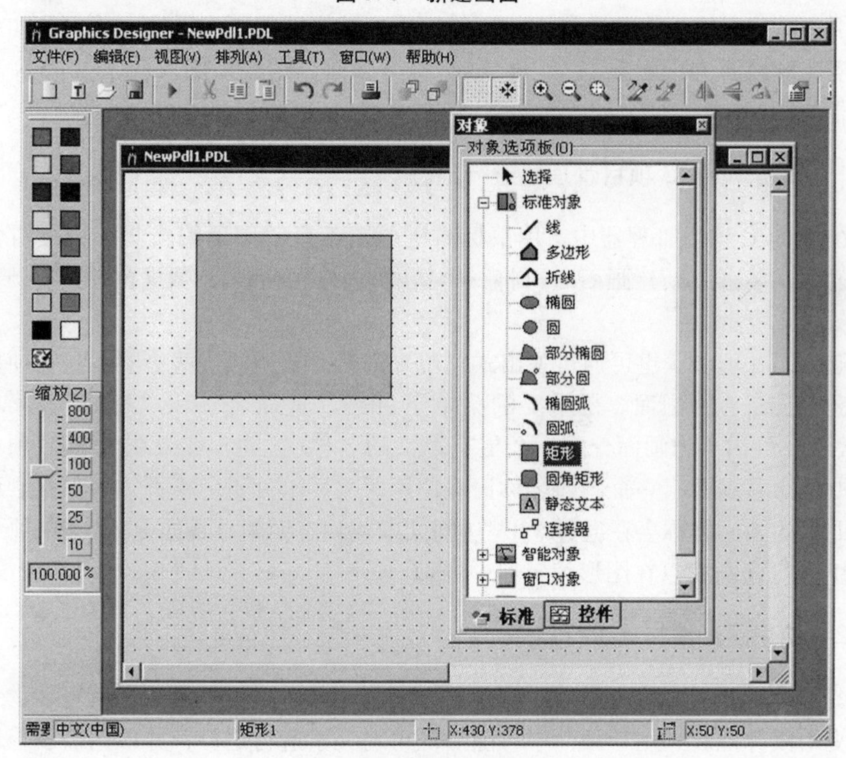

图 9.7　图形编辑器

9.3.3　辅助项

除了诸如标尺、矩形或圆等标准对象以外，WinCC 还具有更广的图形对象库，例如电缆、罐或电机。用户也可从其他外部图形程序中导入图形。

9.4　输入时的反应

必须将由操作员控制的画面元素插入到用户画面中，以便使操作员能够在运行期内对过程进行控制。

为尽量使操作直观和简单，WinCC 提供了预置的标准 Windows 元素：按钮、复选框、滚动条、I/O 域及其他元素。

9.4.1　使用图形编辑器进行组态

将操作员可控制的画面元素插入用户画面的方式与使用图形编辑器的通常画面元素相同。一旦元素已添加，组态对话框就将自动打开。它包含有关所插入元素的表现形式和行为的最重要参数。按钮组态如图 9.8 所示。

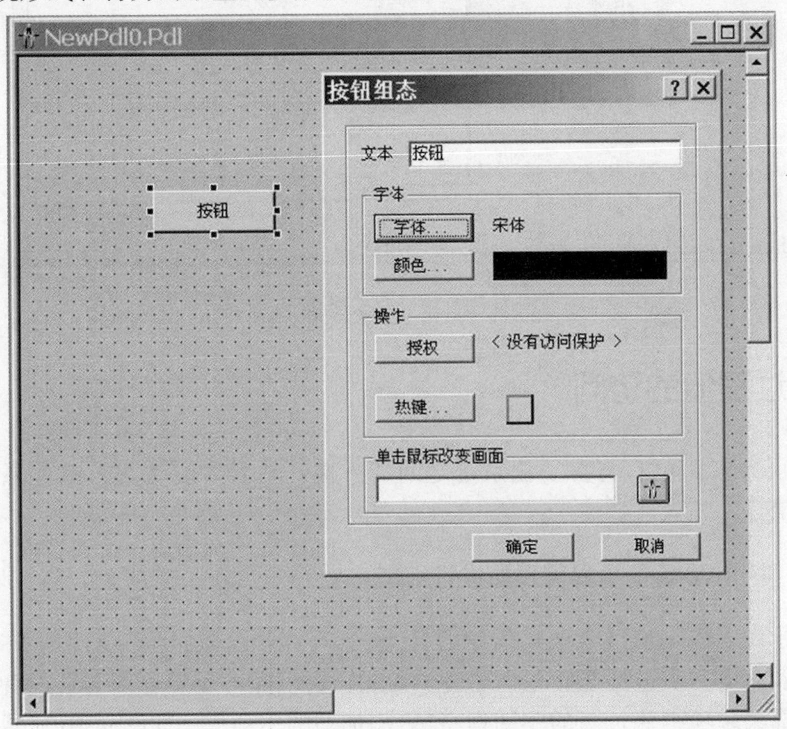

图 9.8　按钮组态

9.4.2 特定事件与动作的链接

除了组态对话框以外，另一个包含所有对象属性完整列表的对话框也可用于各个元件。对话框“对象属性”可通过弹出式菜单进行访问。对话框“对象属性”允许用户将动作与画面元素进行链接。动作将由运行期内的事件进行触发。例如，对于按钮，鼠标单击就代表着一个事件。当指定的事件发生时，将执行一个动作，例如画面修改。对象属性如图 9.9 所示。

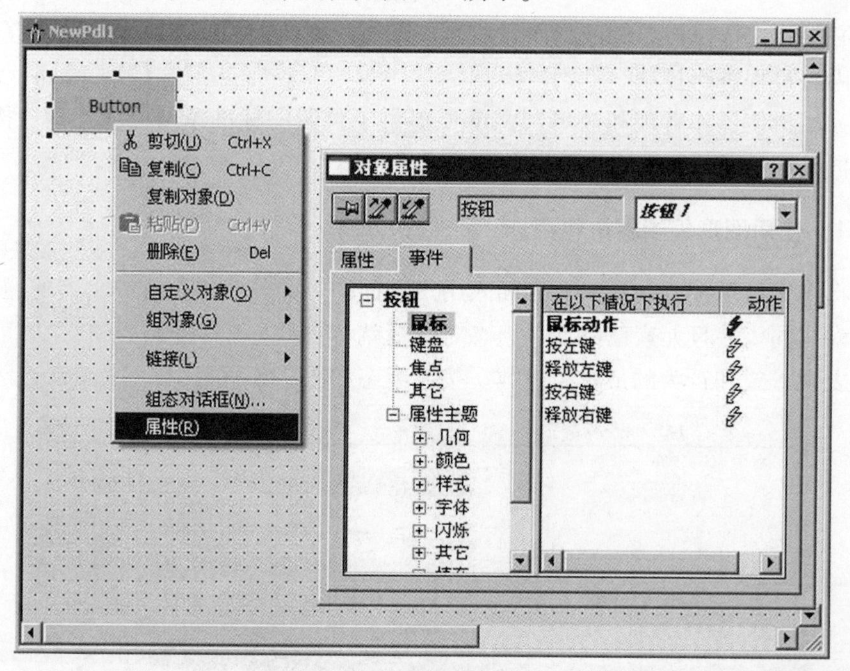

图 9.9 对象属性

9.5 过程值的访问

必须组态 WinCC 与自动化系统之间的连接，然后才能访问自动化系统的当前过程值。

9.5.1 使用 WinCC 项目管理器进行组态

由于设置连接是整个项目的中心任务之一，因此，这里必须使用 WinCC 项目管理器。第一步包括选择一个通道。为此，在组件“变量管理器”的弹出式菜单中选择菜单项“添加新的驱动程序”。添加新的驱动程序如图 9.10 所示。

用户现在即可在选择框中选择所需的通道。

许多通道均支持多个通讯协议。所支持的协议在 WinCC 项目管理器中的通道下列出。在下列实例中，选择了通道 SIMATIC S7PROTOCOL SUITE(用于自动化系统 SIMATIC S7 的通道)和通讯协议 MPI。通道/通讯协议组合确定了 WinCC 将要使用的通道单元。在通道单元下面输入到自动化系统的链接，于是，所链接的自动化系统将作为一个通道单元条目出现在 WinCC 项目管理器上。通道/通讯协议如图 9.11 所示。

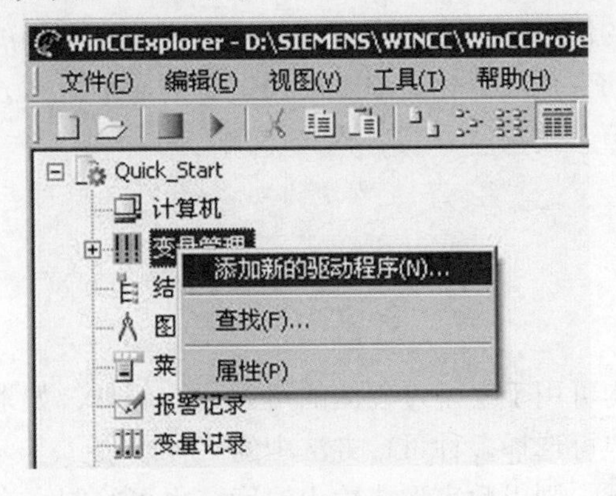

图 9.10　添加新的驱动程序

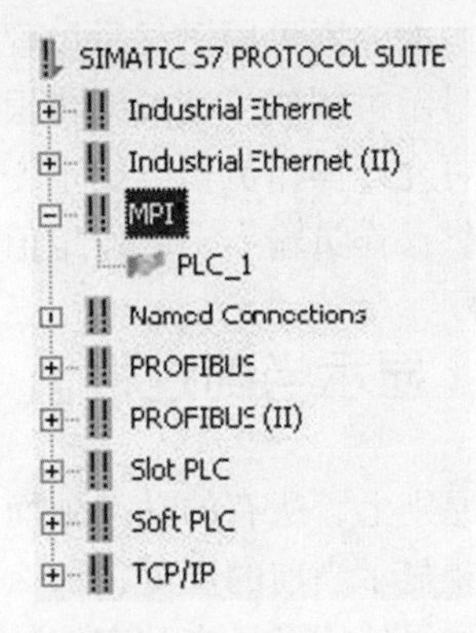

图 9.11　通道/通讯协议

9.5.2　创建过程变量

在 WinCC 中可创建过程变量，这样用户不必使用自动化系统存储区中的数字地址来进行工作。每个过程变量均具有唯一的名称，可用其在整个系统中进行编址。也可在 WinCC 项目管理器中创建过程变量。由于每个过程变量均专门链接到一个特定的自动化系统，因此，WinCC 项目管理器中的各个过程变量均将作为此自动化系统的对象显示。创建过程变量如图 9.12 所示。

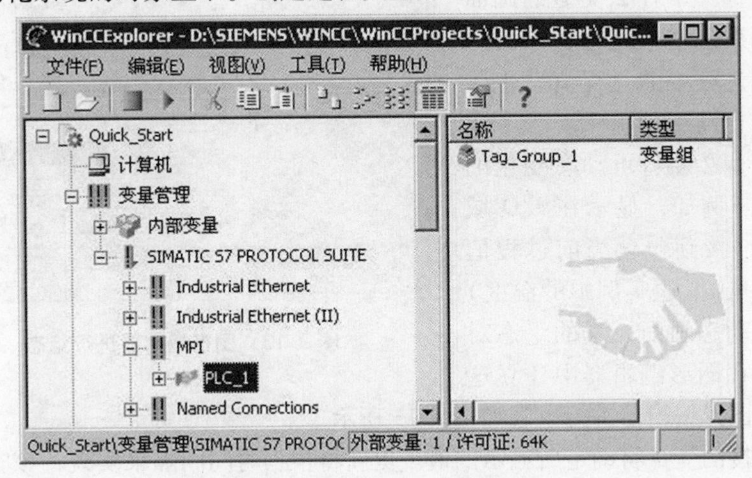

图 9.12　创建过程变量

9.5.3　SIMATIC S7 的简便之处

如果使用了 SIMATIC S7 自动化系统，则组态特别容易。这里，用户不必在 WinCC 中手动创建过程变量，因为用户可直接访问 STEP 7 中的符号表。

9.5.4　使用过程变量

画面元素可用于显示过程变量的值。例如，用户可按数字形式或以棒图的形式来显示过程值，其长度将根据值的变化而变化。通过使用适合的画面元素，用户还可允许操作员自己确定变量的值，即写入变量。例如，用户可通过一个 I/O 域，供操作员输入一个设定值。

9.6　显示当前过程值

原则上，所有的动态画面元素均可用于实现过程值的可视化。例如，如果用户希望显示当前的温度，那么，用户可选择多种可行方法中的一种。

如果使用了具有数字值的 I/O 域，则以数字形式输出温度。也可绘制一个简单的温度计，并根据温度值来改变棒图对象的长度。

作为一种选择，例如，用户可使用一个预编译的 OCX 控件来代表一个指针工具。

下面介绍使用图形编辑器进行组态。

不管选择了什么类型的画面元素，下列陈述均适用：只要自动化系统过程中的过程值发生改变，就将自动更新显示。为了实现该操作，必须将可动态变化的对象属性（例如，显示在 I/O 域中的值）链接到包含当前过程值的过程变量（上述实例中的温度）上。使用动态画面元素的组态对话框即可在图形编辑器中建立这种链接。图形编辑器进行组态如图 9.13 所示。

图 9.13　图形编辑器进行组态

所链接的变量将确定所显示的值。更新将根据时间间隔来实现，该时间间隔之后，会将所显示的值与当前值进行比较，如有必要则进行更新。在上述实例中，每秒钟完成 2 次更新(时间间隔为 500ms)。

9.7　归档过程值

WinCC 将允许用户把过程值保存在过程值归档中。例如，可在以后使用归档来显示和评价过程值的当时进展。

9.7.1　使用变量记录进行组态

变量记录用于创建和管理过程值归档。通过 WinCC 项目管理器中的弹出式菜单可启动变量记录。和 WinCC 项目管理器一样，变量记录也具有自己的浏览和数据窗口。变量记录如图 9.14 所示。

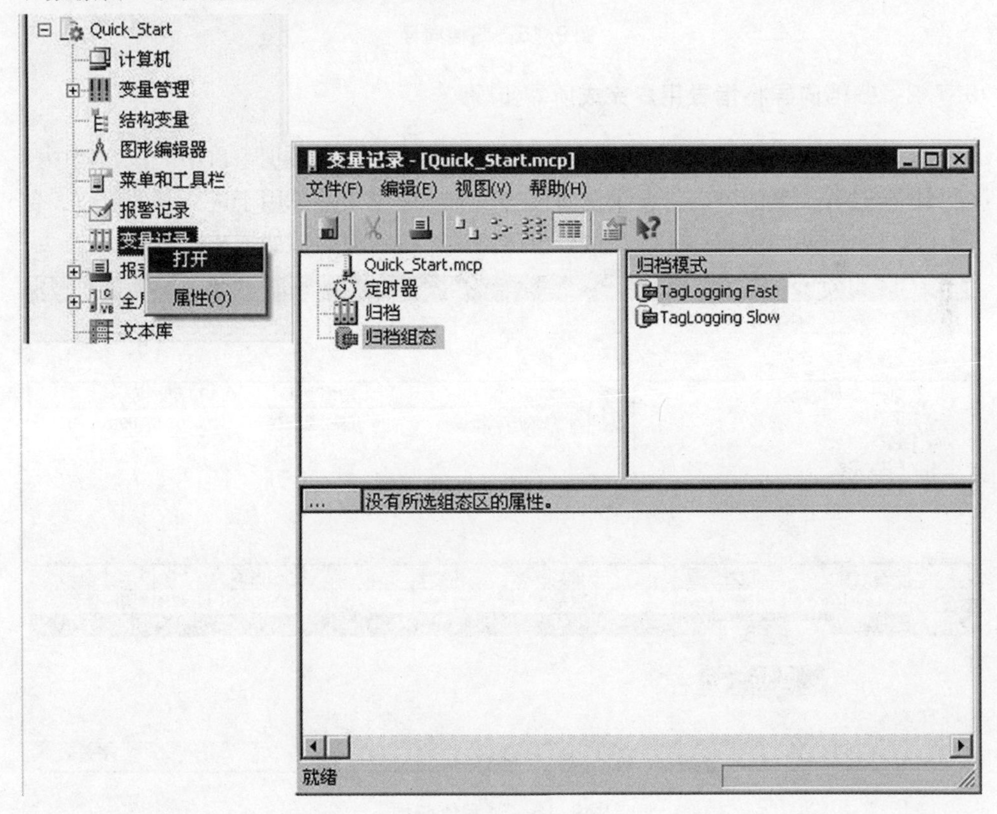

图 9.14　变量记录

在创建过程值归档时，归档向导可为用户提供许多有价值的帮助。通过变量记录浏览窗口中条目“归档”的弹出式菜单可访问归档向导。归档向导如图 9.15 所示。

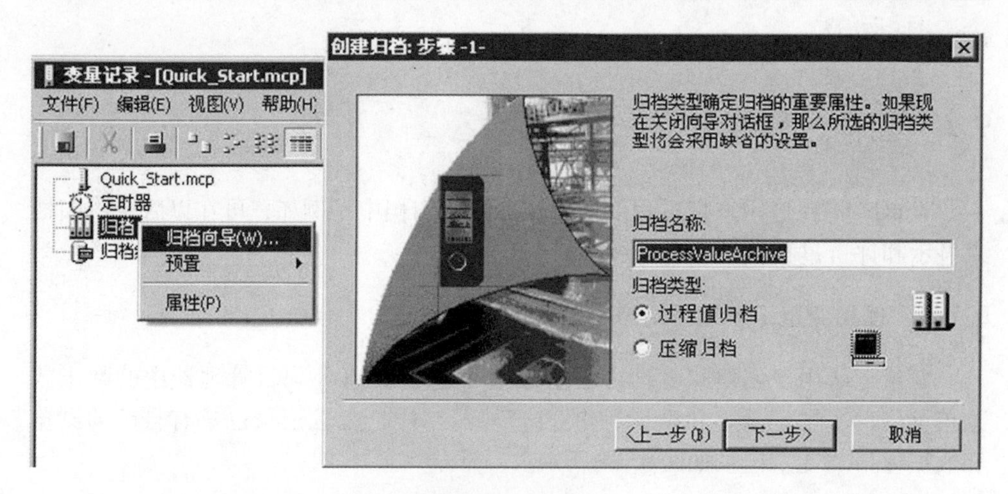

图 9. 15　归档向导

9. 7. 2　归档向导将指导用户完成所需步骤

一旦成功创建了过程值归档，它就将出现在变量记录数据窗口中。该归档中所要归档的过程变量的列表将显示在面板的底部。弹出式菜单用于进行其他设置，例如，以什么时间间隔将值保存在过程值归档中。过程值归档如图 9. 16 所示。

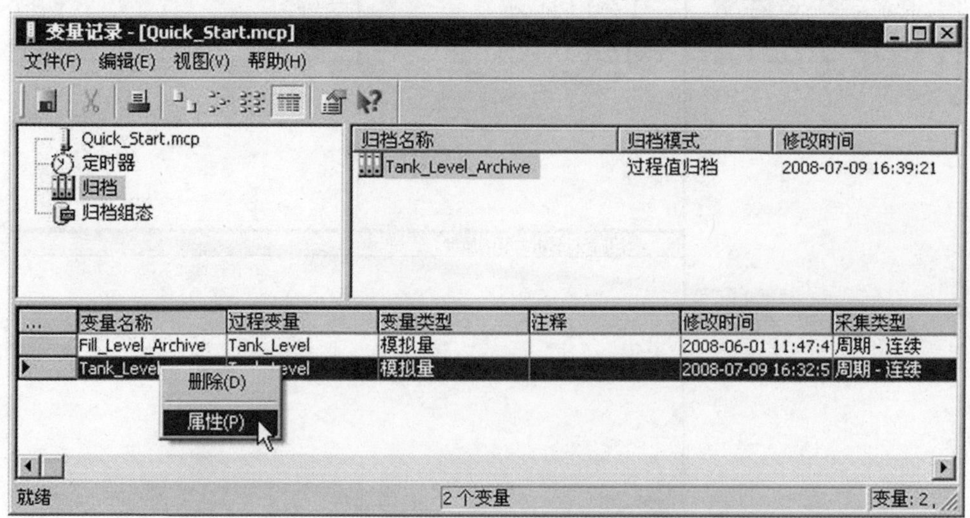

图 9. 16　过程值归档

WinCC 将允许用户实现过程值临时进展的可视化。这里，必须访问历史过程值。因此，用于显示进展而使用的过程值必须保存在过程值归档中。

下面介绍使用图形编辑器进行组态。

WinCC 提供了 3 种画面元素专门用于访问过程值归档以及以表格形式与图表

形式显示数据。

① 用于图形显示的 WinCC 在线趋势控件。

② 用于变量的图形处理的 WinCC 函数趋势控件。通过趋势控制函数，可选择将一个变量显示为另一变量的函数。

③ 用于表格显示的 WinCC 在线表格控件。

所需控件可使用鼠标从图形编辑器中的对象选项板拖放并插入到某个画面中。可在图形编辑器对象选项板中的“控件”选项卡中找到这些控件。

9.7.3　使用归档进行连接

一旦用户将控件拖放到用户画面中，该控件的组态对话框将自动出现。输入将由控件进行显示的过程变量。选择条目“1-归档变量”作为“数据源”，并在“变量名”下选择包含过程变量所记录的过程值的归档。

当处于运行期时，所归档的过程数据的进展将出现在控件中。

9.8　消息的创建和归档

消息旨在给操作员提供关于操作状态和过程故障状态的信息。消息将在运行期内显示在一个特定的消息视图中。

9.8.1　使用报警记录进行组态

消息将在报警记录中进行组态。访问报警记录可通过 WinCC 项目管理器中具有同一名称的组件的弹出式菜单来实现。报警记录如图 9.17 所示。

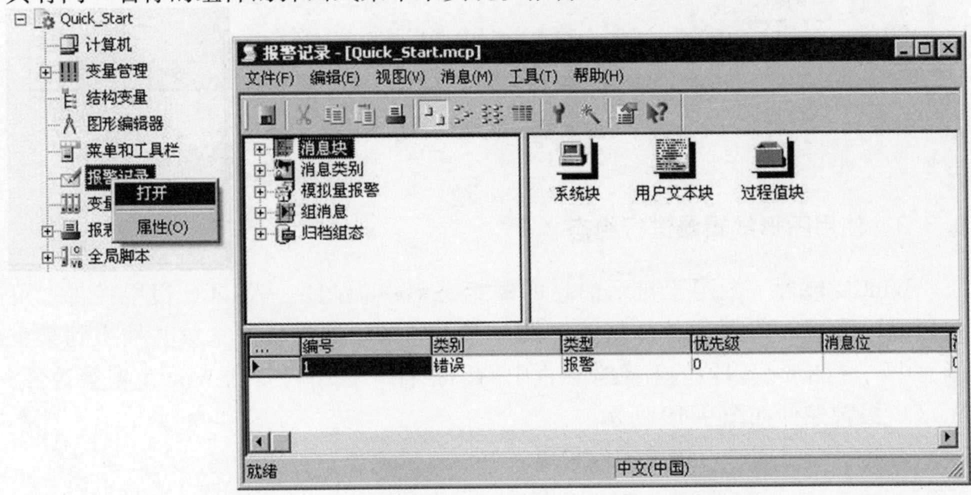

图 9.17　报警记录

9.8.2　创建消息系统

在用户创建和组态单个消息之前，必须创建称做报警记录的消息系统。其中，必须在此定义下列标准：消息中将要包含哪些消息块；将要设置哪些消息等级。

当设置报警记录时，系统向导将提供许多有价值的帮助。在报警记录的工具栏中可找到系统向导。

一旦通过向导设置了报警记录，用户就能够创建和组态单个消息。创建消息系统如图 9.18 所示。

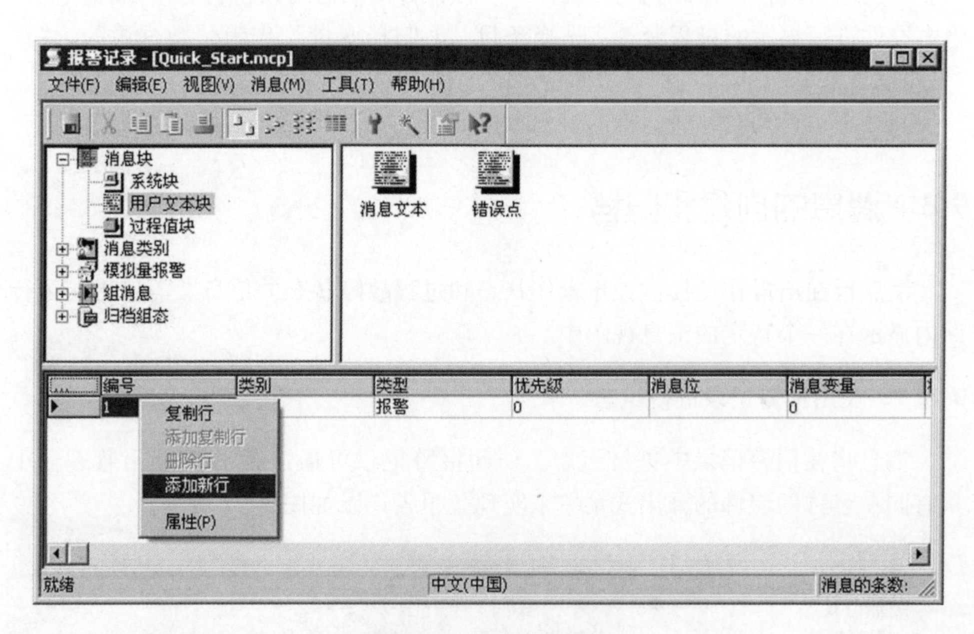

图 9.18　创建消息系统

9.8.3　使用图形编辑器进行组态

WinCC 包含一个用于显示消息的预组态消息视图——WinCC 报警控件。可使用鼠标将 WinCC 报警控件从图形编辑器中的对象选项板中拖放并插入到某个画面中。在图形编辑器的对象选项板中的“控件”栏中可找到 WinCC 报警控件。WinCC 报警控件如图 9.19 所示。

当处于运行期时，报警控件将以表格形式给操作员显示消息。

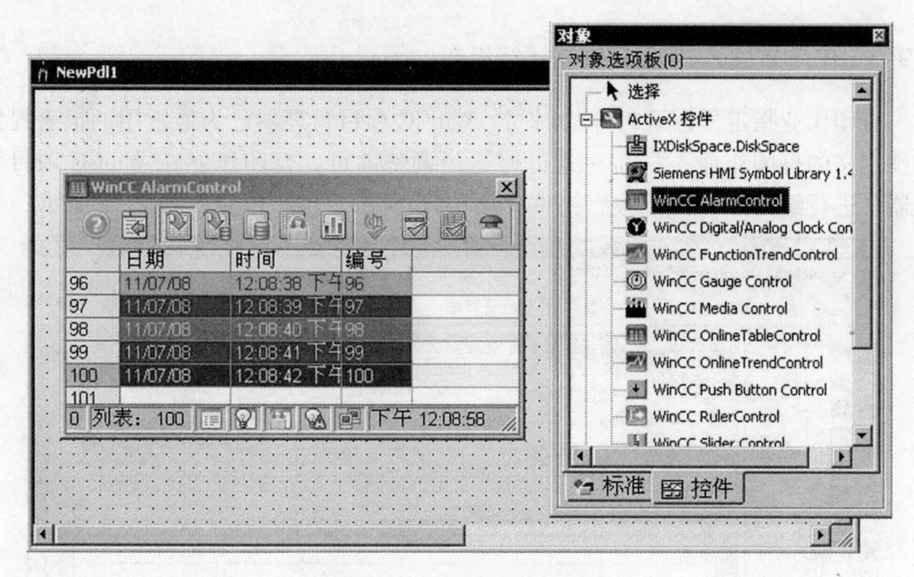

图 9. 19　WinCC 报警控件

9.9　将过程和事件制成文档

可根据所要记录的数据类型，例如，过程值或消息，使用各种不同的报表。对于所有的报表类型，组态时执行的绝大部分操作都是相同的。

9. 9. 1　使用报表编辑器进行组态

使用报表编辑器创建报表布局，已经提供了可在大多数应用场合下使用的预组态报表。在进行组态时，只需将这些预组态的报表链接到用户自己的归档中即可。链接到归档是必需的，因为，在大多数情况下，当打印报表时，报表也包含不再存在于过程变量中的历史数据。报表编辑器也可用来修改预组态报表。这通常要比创建一个新报表更容易、更迅速。在 WinCC 项目管理器浏览窗口中的条目“报表编辑器”下可找到预组态的报表。选择“布局”条目时，可用的布局显示在数据窗口。在弹出式菜单上选择“编辑”，在报表编辑器中打开布局；或者，可以先打开报表编辑器，然后再通过选择“文件”菜单项打开布局。

9. 9. 2　静态和动态布局元素

每个页面布局均由静态和动态对象组成。

静态布局元素以同一形式出现在打印输出的各个页面上，例如，标题行或用户公司标志。在运行期间，WinCC 会向动态布局元素提供最新的过程数据。当在报表编辑器中进行组态时，用户只需为该数据创建占位符。

9.9.3　使用 WinCC 项目管理器进行组态

打印作业指定了报表打印的时间。WinCC 项目管理器已为最常用的报表提供了预定义的打印作业，只需对其进行适当调整即可。打印作业在 WinCC 项目管理器中进行编辑。WinCC 报警控件如图 9.20 所示。打印作业如图 9.21 所示。

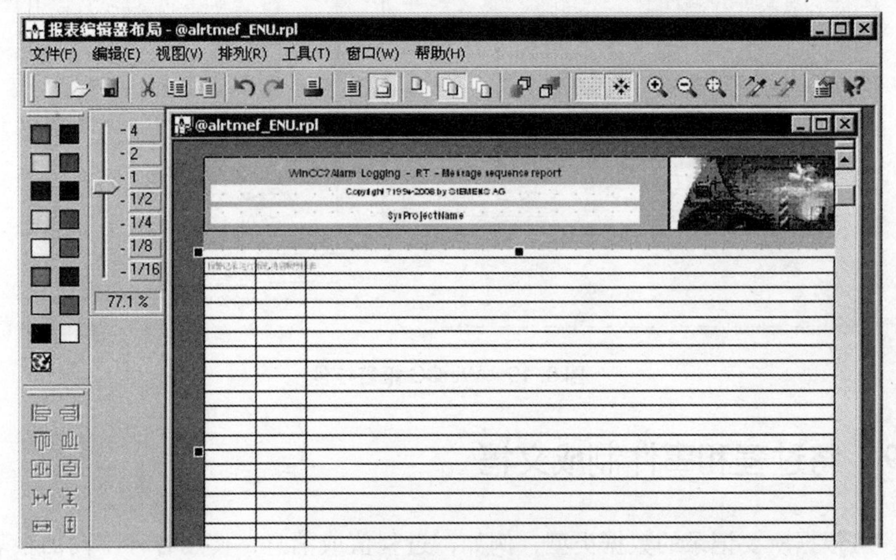

图 9.20　WinCC 报警控件

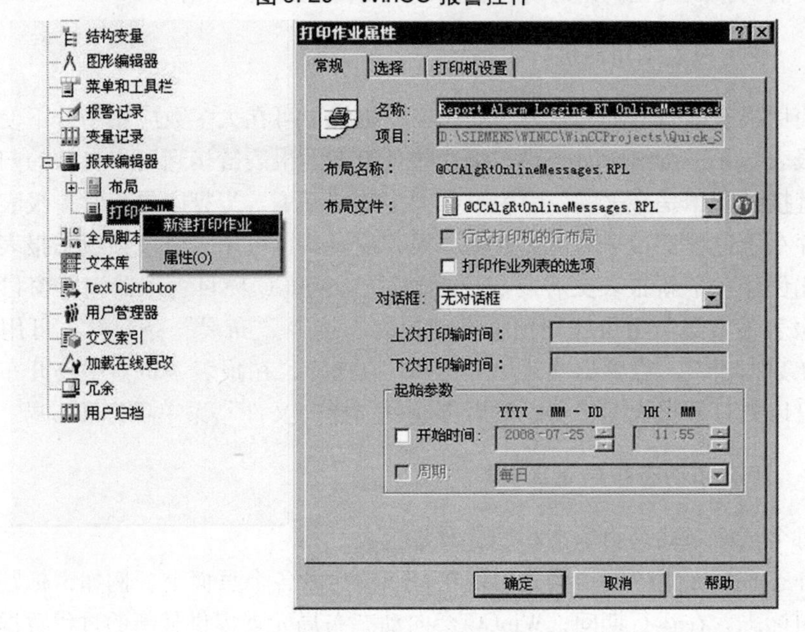

图 9.21　打印作业

9.10　运行和测试项目

需要 WinCC 运行系统软件来运行项目。如果运行系统软件已随组态软件一起进行了安装，则不必移动到另一台工作站以进行测试。使用 WinCC 项目管理器进行组态在第一次激活项目之前，必须指定运行系统的属性。对话框“计算机属性”就是为此目的而提供的。对该对话框的访问可通过 WinCC 项目管理器中的组件“计算机”的弹出式菜单来实现。“启动”标签用于指定应该激活哪个运行系统组件以及在运行期内应该使用哪个相应功能。例如，如果项目包含周期性的动作，则必须激活组件“全局脚本运行系统”。为了获得最佳性能，建议用户只激活确实需要的组件。WinCC 运行时的启动顺序如图 9.22 所示。

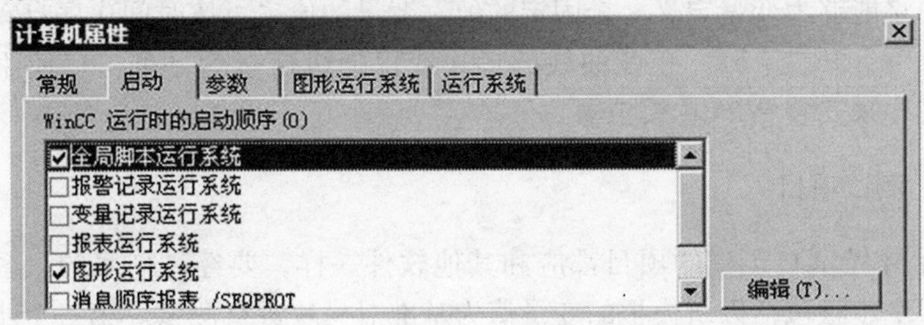

图 9.22　WinCC 运行时的启动顺序

“图形运行系统”标签可用于定义一旦激活项目，应该首先显示哪个画面(启动画面)。它也用于定义 WinCC 项目应该以何种方式显示在画面中。WinCC 图形运行系统如图 9.23 所示。

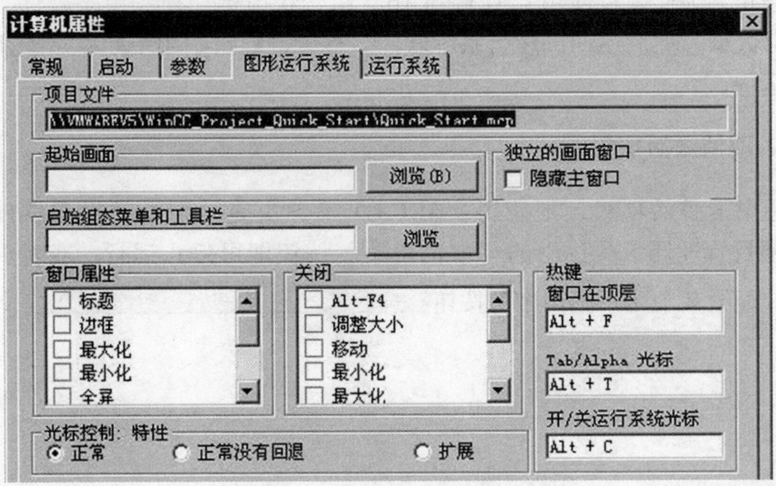

图 9.23　WinCC 图形运行系统

9.10.1　激活项目

一旦已经定义了运行系统属性，就能够激活项目。“激活”命令位于 WinCC 项目管理器中的“文件”菜单中。或者，也可使用工具栏上的按钮。当项目已经激活时，运行系统软件的所选组件将启动。用户现在即可对项目进行控制和测试。

9.10.2　WinCC 模拟器

通过使用 WinCC 模拟器，可以在开发阶段没有链接过程外围设备或链接了过程外围设备但没有过程运行时测试 WinCC 项目。

用户将能够为变量定义一个固定的值。变量的值也可按时间次序自动进行修改，例如，上升、下降、正弦曲线的形式或以随机变量为基准。可使用 WinCC 的安装程序来安装 WinCC 模拟器。

9.10.3　测试项目

所有用 WinCC 创建的项目都应和其他软件一样，要经过彻底的、系统的检查。第一个步骤包括以所模拟的变量值为基准对模块进行测试。第二个步骤包括对具有所有自动化组件项目的全部功能度进行测试。

9.10.4　在线组态

如果在测试阶段确定了一个故障，则它将在 WinCC 中立即得到纠正，无须使过程停止。为此，可使用 < ALT + TAB >组合快捷键切换到组态软件，进行修改，保存数据，然后返回到运行系统软件。整个过程将不用中断就可使用新的数据进行运行。

9.10.5　取消激活项目

若想取消激活项目，则使用 < ALT + TAB > 快捷键切换到组态软件。单击 WinCC 项目管理器工具栏中的“取消激活”按钮即可停止运行。或者，也可将该功能分配给某个用户画面中的按钮。

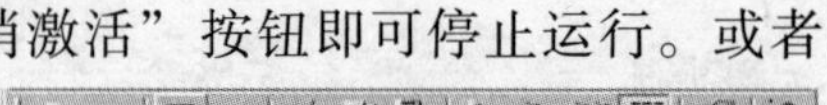

第 3 篇　交直流调速综合培训

第 10 章　内容安排及设备简介

10.1　内容安排

内容安排如下：

① 外部接线应用柜上开关控制交、直流调速器；

② 利用 PLC，通过上位机组态控制交、直流调速器；

③ 应用通讯利用 PLC，通过上位机组态控制交、直流调速器。

10.2　设备简介

10.2.1　PLC 柜体介绍

第一排：2 个电流表。

第二排：6 个指示灯：L1——用来表示直流变频器故障；L2——直流变频器运行指示；L3——未使用；L4——交流远程控制指示；L5——交流变频器运行指示；L6——交流变频器故障指示。

第三排：8 个按钮：SB1——直流变频器启动；SB2——直流变频器停止；SB3——直流反转；SB4——交流变频启动；SB5——交流变频停止；SB6——交流反转；SB7——未使用；SB8——直流、交流变频急停。

第四排：4 个万能转换开关，2 个指示灯，1 个模拟电位器：SA1——直流启动允许和脉冲使能开关(37、38 端子使能)；SA2——电动电位计加(需要在装置里设置设定值源)；SA3——电动电位计减；SA4——交直流切换；L7——PLC 运行指示；L8——PLC 故障指示；AN——模拟电位器用来给定速度设定值(需要在装置里设置设定值源)。

注意：8 个灯是 24V 的灯，不可以接到 220V 的交流电上！

设备面板示意图如图 10.1 所示。

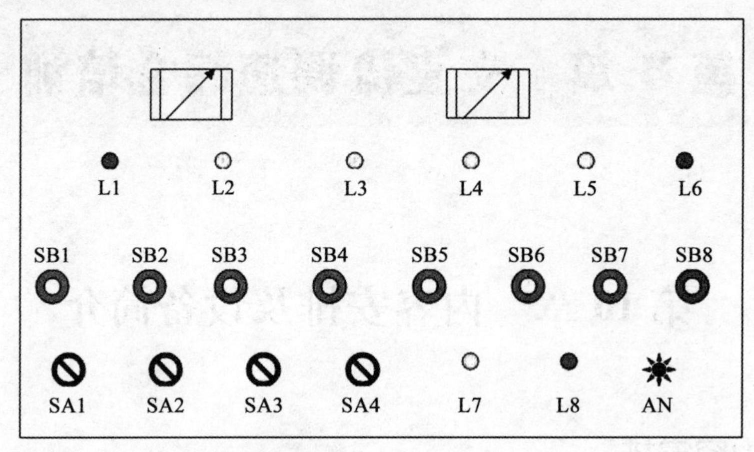

图 10.1　设备面板示意图

(1)开关、指示灯与 PLC 输入、输出的关系

L1，L2，…，L8 对应 PLC Q0.0，Q0.1，…，Q0.7，通过 8 个隔离继电器 KA1，…，KA8 进行隔离，用它们的常开触点开关进行控制，具体见接线图。

SB1，…，SB8 对应 PLC I2.0，…，I2.7，这 8 个输入没有隔离，在 PLC 的第一个端子排上。

SA1 对应 PLC 输入 I1.0，SA2 对应 PLC 输入 I1.4，SA3 对应 PLC 输入 I1.5，SA4 对应 PLC 输入 I1.6。

(2)电机编码器数据

① 交流电机数据：380V，4.0A，50Hz，1.5kW；

接法：星型。IP44，940r/min。

② 直流电机数据：

电枢数据：1.5kW，440V，4.79A，980r/min；

励磁方式：他励，自冷；

励磁数据：180V，1.39A；

风机数据：40W，2800r/min，50Hz，50m^3/h，380V，0.17A。

注意：先启动风机，再启动电机电源。

③ 编码器数据：15V 供电，1024 个脉冲；

接线方法：黑色：A；白色：B；橘色(黄色)：Z；蓝色：0V；棕色：POWER。

供电开关示意图如图 10.2 所示。

注意：由于每台实验柜的进线开关在安装时没有按照一定的顺序安装，每台之间的顺序不一致，上电时请按照图 10.2 中所示的线号对应送电。

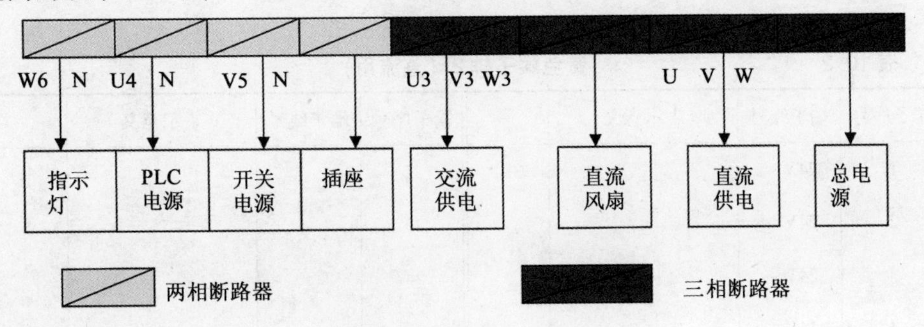

图 10.2　供电开关示意图

10.2.2　接线端子介绍

端子排上边表示序号(从左到右)，下边表示线号。

黄色端子排 1(交流用)如表 10.1 所示。

表 10.1　　黄色端子排 1（交流用）

端子序号	端子线号	表示意义		端子序号	端子线号	表示意义	
1	1	P24V	X101	19	19	模拟量输出 1	X102
2	2	M24V		20	20	模拟输出公共端	
3	3	DI/DO		21	21	模拟量输出 2	
4	4	DI/DO		22	22	模拟输出公共端	
5	5	DI/DO		23	23	编码器地	X103
6	6	DI/DO		24	24	A	
7	7	DI		25	25	B	
8	8	DI		26	26	Z	
9	9	DI		27	27	控制	
10	10	RS484P		28	28	编码器电源	
11	11	RS484N		29		电机温度输入（没有线）	
12	12	RS-REF		30			
13	13	P10AUX		31			
14	14	N10AUX		32			
15	15	模拟量输入 1	X102	33	24V +		
16	16			34	24V +		
17	17	模拟量输入 2		35	24V +		
18	18			36	24V +		

黄色端子排 2(直流用)如表 10. 2 所示。

表 10. 2　　黄色端子排 2（直流用）

端子序号	端子线号	表示意义		端子序号	端子线号	表示意义	
1	24V -			22			
2	24V -			23			
3	24V -			24			
4	24V -			25			
5	24V -			26			
6	24V -			27	46	DO1	
7	24V +			28	47	DO1 地	X171
8				29	48	DO2	
9				30	54	DO2 地	
10				31	26	P15	
11				32	27	N15	
12				33	28	A +	
13				34	29	A -	X173 编码器
14				35	30	B +	
15	34	24V + 输出		36	31	B -	
16	35	24V -		37	32	Z +	
17	36	DI1		38	33	Z -	
18	37	电源合闸	X107	39	1		
19	38	运行使能		40	2		X300
20	39	DI2		41	3		
21				42	4		

黑色端子排1如表10.3所示。

表10.3　黑色端子排1

端子序号	端子线号	意　义	端子序号	端子线号	意　义
1	5		20	I1.1	PLC隔离的输入
2	6		21	I1.2	
3	7		22	I1.3	
4	12		23	I1.7	
5	13		24		
6	14		25	24V	
7	15		26	24V－	
8	16		27	Q0.0	PLC隔离的输出
9	17		28	Q0.1	
10			29	Q0.2	
11	24V＋	PLC隔离的输入	30	Q0.3	
12	I0.0		31	Q0.4	
13	I0.1		32	Q0.5	
14	I0.2		33	Q0.06	
15	I0.3		34	Q0.7	
16	I0.4		35		
17	I0.5				
18	I0.6				
19	I0.7				

黑色端子排2如表10.4所示。

表10.4　黑色端子排2

端子序号	端子线号	意　义	端子序号	端子线号	意　义
1	Q1.0	PLC隔离的输出	19	AI4I	
2	Q11		20	AI4C	
3	Q1.2		21	PT100＋	温度输入
4	Q1.3		22	PT100－	
5	Q1.4		23	A01V	PLC模拟输入
6	Q1.5		24	A01I	
7	Q1.6		25	A02V	
8	Q1.7		26	A02I	
9	AI1V	PLC模拟输入	27	COM	
10	AI1I		28	A1＋	
11	AI1C		29	A1－	
12	AI2V		30	A2＋	
13	AI2I		31	A2－	
14	AI2C		32	R1	模拟电位计
15	AI3V		33	R2	
16	AI3I		34	R3	
17	AI3C		35		
18	AI4V				

第 11 章　直流调速器培训

11.1　直流调速器接线及编码器连接

11.1.1　接　线

接线如下：

34 端子(P24V)——3M

36 端子——Q1.0	13 端子——AI1C
37 端子——Q1.1	14 端子——AI2V
38 端子——Q1.2	15 端子——AI2C
39 端子——Q1.3	46 端子——I1.0
4 端子——AOV1	47 端子——24V -
5 端子——AOC	48 端子——I1.1
12 端子——AI1V	54 端子——24V -

11.1.2　编码器连接图

编码器连出 5 根线，分别由 POWER，0V，OUTA，OUTB，OUTZ 引出，OUTA，OUTB，OUTZ 分别代表编码器的 A，B，Z 相。编码器连接图如图 11.1 所示。

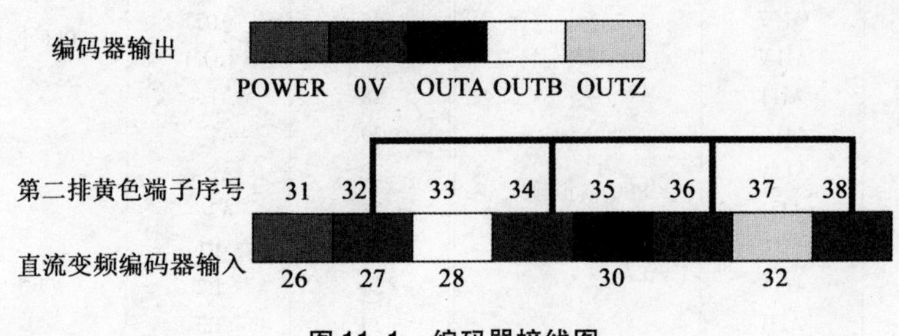

图 11.1　编码器接线图

11.1.3　端子之间接线图

端子之间接线图如图 11.2 所示。

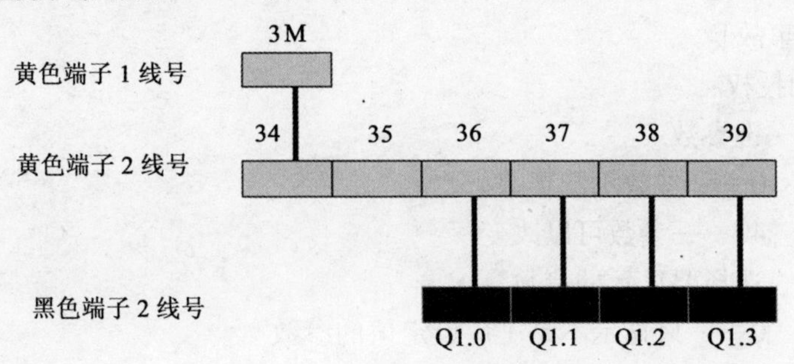

图 11.2　端子之间接线图

11.1.4　模拟电位计接法

直流时，模拟电位计接线图如图 11.3 所示。图 11.3 中，R2 是模拟电位计的中间抽头。

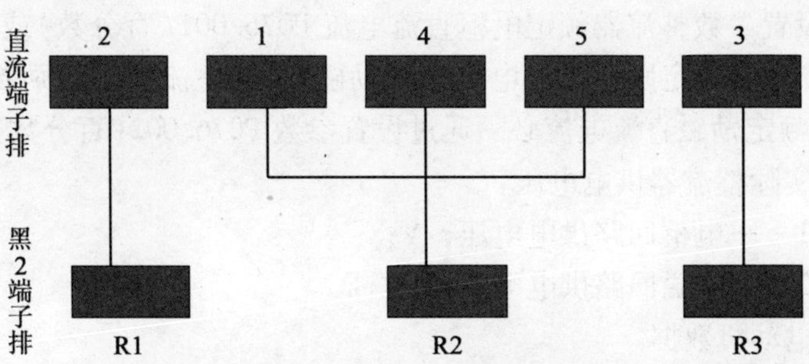

图 11.3　模拟电位计接线图

11.2　参数设定及优化

11.2.1　工厂复位、参数化(远程操作)

工厂复位、参数化的目的是了解 6RA70 的参数设置，并测出在有编码器或无编码器情况下电流环和速度环的参数。

(1)工厂复位

① 功能执行：设置参数 P051 = 21；将参数值传递到非易失存储器中。

参数值存储在非易失存储器(EEPROM)中，因此当整流器断电后，它们仍然可以使用。这过程最少需要 5s(也可能到几分钟)。在当前正在处理的参数号 PMU 上显示。在这个操作执行过程中，电子板的电源必须保持接通。

② 启动步骤：尽管整流器的进线接触器已经断开，但整流器仍有危险电压，触发板(直接安装在壳体的下部)具有许多处于危险电压等级的回路。

注意：如不遵守老师所给出的安全注意事项，将导致死亡、严重的身体伤害和重大设备事故！

- 访问授权：

P051——键参数

0——参数不能更改

40——参数可以改变

P052——选择要显示的参数

0——只显示不是工厂设定值的参数

3——显示所有参数

- 调整整流器额定电流。

注意：在北美制造的基本传动装置(型号为 6RA70xx-2xxxx)，必须在参数 P067 中设定 US 额定值。

如果最大电枢电流/整流器额定电枢直流电流 <0.5，整流器额定电枢直流电流必须通过设置参数整流器额定电枢直流电流 P076.001(百分数)或参数 P067 来调整；如果整流器额定励磁直流电流最大励磁电流/整流器额定励磁直流电流 < 0.5，整流器额定励磁直流电流必须通过设置参数 P076.002(百分数)来调整。

- 调整实际整流器供电电压：

P078.001——电枢回路供电电压，V；

P078.002——励磁回路供电电压，V。

- 输入电动机数据。

在下列参数中，电动机数据必须按电动机铭牌的规定写入：

P100——电枢额定电流，A；

P101——电枢额定电压，V；

P102——励磁额定电流，A；

P104——速度 n1，r/min；

P105——电枢电流 I1，A；

P106——速度 n2，r/min；

P107——电枢电流 I2，A；

P108——最大运行速度 n3，r/min；

P109 =1——和速度有关的电流限幅激活；

P114——电动机热时间常数，min；

(如果需要，用 P820 激活故障信息 F037！)

- 实际速度检测数据。

(a)使用模拟测速机:

P083 =1——速度实际值由“主实际值” 通道(K0013)提供(端子: XT. 103, XT. 104);

P741——最高转速时的测速机电压(-270. 00 ~ +270. 00V)。

(b)使用脉冲编码器:

P083 =2——速度实际值由脉冲编码器提供(K0040)。

P140——选择脉冲编码器类型(脉冲编码器类型见下面):

0——无编码器或“用脉冲编码器检测速度” 功能未选用;

1——脉冲编码器类型 1;

2——脉冲编码器类型 1a;

3——脉冲编码器类型 2;

4——脉冲编码器类型 3。

脉冲编码器类型 1, 即相位差 90°的二脉冲通道编码器(带/不带零标志)。脉冲编码器类型 1 二脉冲通道如图 11. 4 所示。

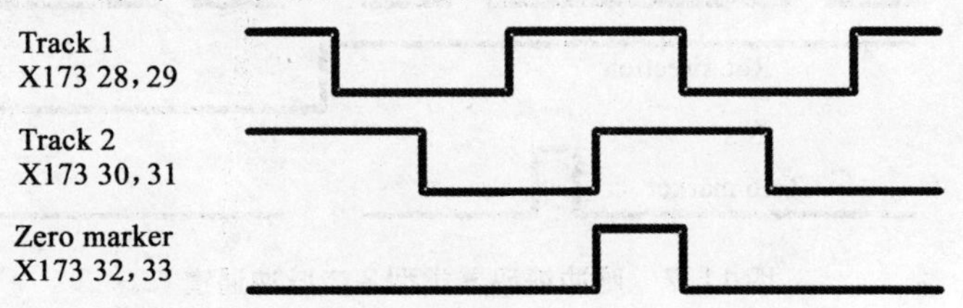

图 11. 4　脉冲编码器类型 1 二脉冲通道

脉冲编码器类型 1a, 即相位差 90°的二脉冲通道编码器(带/不带零标志), 与脉冲编码器类型 1 的方法相同, 零标志由内部变换成一个信号。脉冲编码器类型 1a 二脉冲通道如图 11. 5 所示。

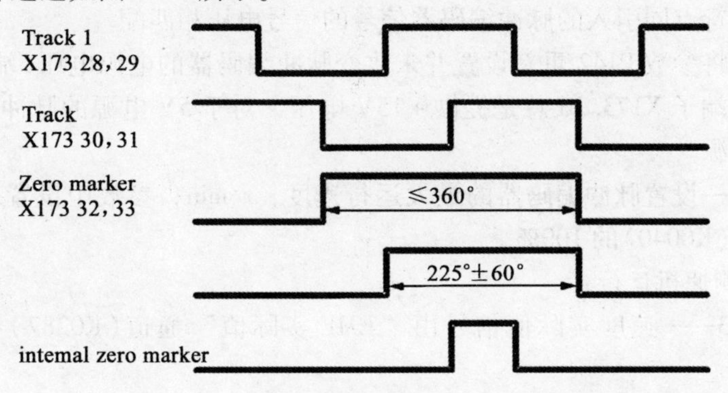

图 11. 5　脉冲编码器类型 1a 二脉冲通道

脉冲编码器类型 2，即每个旋转方向只有一个脉冲通道的编码器(带/不带零标志)。脉冲编码器类型 2 二脉冲通道如图 11.6 所示。

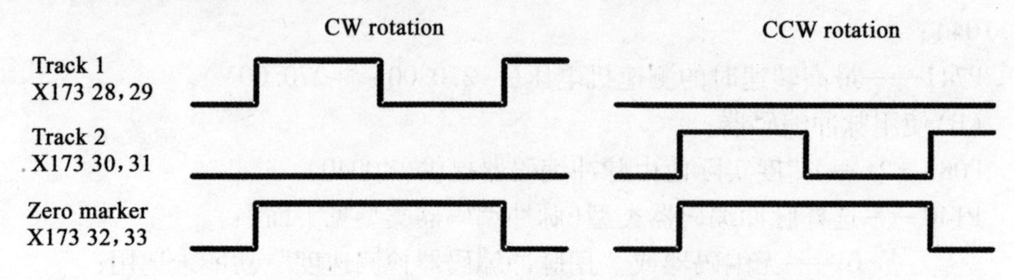

图 11.6　脉冲编码器类型 2 二脉冲通道

脉冲编码器类型 3，即有一个脉冲通道和一个旋转方向信号输出的编码器(带/不带零标志)。脉冲编码器类型 3 二脉冲通道如图 11.7 所示。

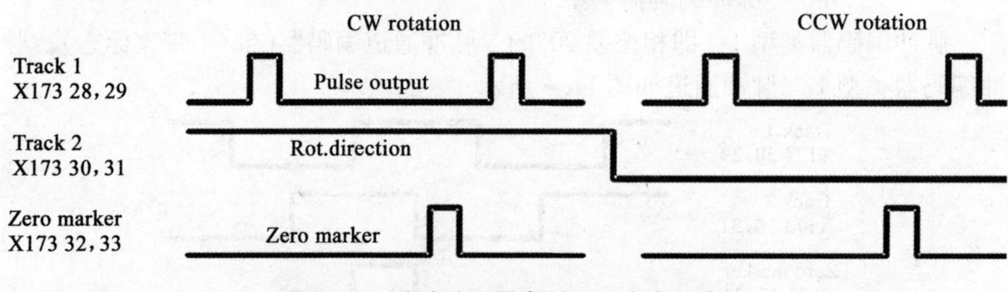

图 11.7　脉冲编码器类型 3 二脉冲通道

P141——脉冲编码器的脉冲数(脉冲数/转)。

P142——设置脉冲编码器的信号电压：

　　0——编码器输出 5V 信号电压；

　　1——编码器输出 15V 信号电压。

内部运行点同引入的脉冲编码器信号的信号电压相匹配。

小心：将参数 P142 重新设置并未改变脉冲编码器的电源电压(端子 X173 的 26 和 27)；端子 X173.26 总是提供 +15V 电压，对于 5V 电源的脉冲编码器，需提供外部电源。

P143——设置脉冲编码器的最大运行速度，r/min；参数中设置的速度相当于实际速度(K0040)的 100%。

(c)无测速机运行：

P083 = 3——速度实际值信号由“EMF 实际值”通道(K0287)提供，但用 P115 计值；

P115——最高速度时的 EMF [1.00 至 140.00% 的整流器额定电源电压(P078.001)]。

(d)自由连接实际值：

P083 = 4——由 P609 定义实际值的输入；

P609——连接到速度调节器实际值的连接器号。

• 励磁数据。

(a)励磁控制：

P082 = 0——内部励磁没有使用(例如使用永磁电动机)；

P082 = 1——励磁回路与主回路接触器一起合闸(当主回路接触器闭合/打开时，励磁脉冲使能/禁止)；

P082 = 2——在达到运行状态 o7.0 或更高时，在 P258 参数化的延时到达后，由 P257 设置的停机励磁自动接入；

P082 = 3——励磁电流恒定接入。

(b)励磁减弱：

P081 = 0——速度或 EMF 无弱磁功能；

P081 = 1——励磁减弱运行被看做一个内部 EMF 控制功能，因此在励磁减弱范围中，即速度在电动机额定速度(等于“速度阈值”)之上时，电动机的 EMF 恒定维持在给定值。EMF 设定(K0289) = P101 - P100 × P110。

• 基本工艺功能的选择。

(a)电流限幅：

P171——在转矩方向Ⅰ的电机电流限幅(为 P100 的百分数)；

P172——在转矩方向Ⅱ的电机电流限幅(为 P100 的百分数)。

(b)转矩限幅：

P180——在转矩方向Ⅰ的转矩限幅1(为电动机额定转矩的百分数)；

P181——在转矩方向Ⅱ的转矩限幅1(为电动机额定转矩的百分数)。

(c)斜坡函数发生器：

P303——加速时间1，s；

P304——减速时间1，s；

P305——下过渡圆弧1，s；

P306——上过渡圆弧1，s。

• 最优化运行。

(a)驱动装置必须在运行状态 o7.0 或 o7.1(停机)。

(b)通过键参数 P051 选择下列之一的优化运行。

P051 = 25——电枢和励磁的预控制和电流调节器的优化运行。

P051 = 26——速度调节器的优化运行。

首先，用 P236 选择速度调节回路动态响应的程度，在此，小值将产生一个软的调节器设定。

P051 = 27——励磁减弱的优化运行；

P051 = 28——摩擦和转动惯量补偿的优化运行；

P051 = 29——具有摆动机构的传动系统的速度调节器的优化运行。

(c)SIMOREG 整流器转换到运行状态 o7.4 几秒钟，然后进入状态 o7.0 或 o7.1 并且等待“合闸”和“运行使能”输入。

输入“合闸”和“运行使能”指令。

PMU(简易操作控制面板)上的运行状态显示的十位闪烁，预示在“合闸”指令后将执行一个优化运行。

如果在 30s 时间内没有“合闸”指令输入，这个等待状态终止并显示故障信息 F052。

(d)当整流器达到运行状态 < o1.0(RUN)时，执行优化运行。

在 PMU 上出现一个活动的显示，包括 2 个两位数，由一个上下移动的条分开，这 2 个数表明(SIEMENS 专用)当前的优化运行状态。

P051 = 25——电枢和励磁的预控制以及电流调节器的优化运行(持续大约 40s)。

在电机轴上没有负载时执行，必要时要将电机机械锁住。以下参数被自动设置：P110，P111，P112，P155，P156，P255，P256，P826。

注意 1：在执行优化运行过程中，永磁电动机(和剩磁过大的电动机)必须将机械锁死。在电流调节器优化过程中，电流限幅不起作用，75% 的电动机额定电枢电流将流过大约 0.7s。此外，个别情况下将产生大约 120% 电动机额定电枢电流的电流尖峰。P051 = 26(速度调节器的优化运行持续大约 6s)。用 P236 选择速度调节回路动态响应的程度，在此，小值将产生一个软的调节器设定。在速度调节器优化之前设定 P236 并将影响到 P225、P226 和 P228 的设定。对于速度调节器的优化，在电机轴上必须接上最后有效的机械负载，因为所设定的参数同所测量的转动惯量有关。以下参数被自动设置：P225，P226 和 P228。

注意 2：速度调节器的优化运行只有在参数 P200 中设置了速度调节器实际值滤波才可执行，如果 P083 = 1，主实际值的滤波在参数 P745 中设置。当 P200 < 20ms 时，P225(增益)被限制在 30.00。速度调节器优化运行将参数 P228(速度给定滤波)设置成与 P226(速度调节器积分时间)相同(为了在给定有突变时完成优化过程)。在速度调节器执行优化运行过程中，电动机将以大约 45% 的额定电枢电流加速，电动机可能达到大约 20% 的最大电动机速度。

如果选择励磁减弱(P081 = 1)，转矩闭环控制(P170 = 1)或选择了转矩限幅(P169 = 1)，或使用了一个可变励磁电流给定。

(2)电流环参数

P110——电枢回路电阻；

P111——电枢回路电感；

P112——励磁回路电阻；
P155——电枢电流调节器的 P 增益；
P156——电枢电流调节器的积分时间；
P255——励磁电流调节器的 P 增益；
P256——励磁电流调节器的积分时间。
(3)速度环参数
P225——速度调节器的 P 增益；
P226——速度调节器的积分时间；
P228——速度给定的滤波时间。
(4)不带编码器
不带编码器参数表如表 11.1 所示。

表 11.1　不带编码器参数表

	1	2	3	4	5	6	7	8	9	10
P110	16.205	15.939	16.172	16.226	16.772	16.068	16.751	16.751	18.100	17.148
P111	296.89	297.23	296.14	285.17	293.65	289.62	295.75	295.75	301.05	300.25
P112	98.4	99.8	96.9	99.8	96.2	104.1	104.2	104.2	99.1	93.4
P155	0.35	0.29	0.29	0.28	0.29	0.29	0.29	0.29	0.30	0.3
P156	0.022	0.023	0.022	0.022	0.022	0.022	0.022	0.022	0.02	0.022
P255	1.01	1.11	1.00	1.05	1.07	1.03	1.14	1.14	1.08	1.05
P256	0.1	0.1	0.1	0.1	0.1	0.1	0.1	0.1	0.1	0.1
P225	3.37	1.56	2.18	2.43	1.31	3.00	1.12	2.12	3.12	3.31
P226	0.106	0.106	0.106	0.106	0.106	0.106	0.106	0.106	0.106	0.106
P228	106	106	106	106	106	106	106	106	106	106

(5)带编码器
带编码器参数表如表 11.2 所示。

表 11.2　带编码器参数表

	1	2	3	4	5	6	7	8	9	10
P110				16.220				16.810		
P111				286.2				295.03		
P112				101.2				104.1		
P155				0.29				0.3		
P156				0.022				0.022		
P255				1.07				1.18		
P256				0.1				0.1		
P225				4.12				4.37		
P226				0.053				0.053		
P228				53				53		

(6)工厂复位和参数化(带编码器)

P51 = 21

P52 = 3

P76.1 = 33.3%——整流器额定电枢直流电流

P76.2 = 50%——整流器额定励磁直流电流

P78.1 = P78.2 = 400——电枢和励磁回路供电电压

P100 = 4.79——电枢额定电流

P101 = 440——电枢额定电压

P102 = 1.39——励磁额定电流

P83 = 2——带编码器

P110 = 16.226——电枢回路电阻

P111 = 295.75——电枢回路电感

P112 = 104.2——励磁回路电阻

P155 = 0.29——电枢电流调节器的 P 增益

P156 = 0.022——电枢电流调节器的积分时间

P255 = 1.14——励磁电流调节器的 P 增益

P256 = 0.1——励磁电流调节器的积分时间

P225 = 1.56——速度调节器的 P 增益

P226 = 0.106——速度调节器的积分时间

P228 = 106——速度给定的滤波时间

P140 = 1——脉冲编码器类型 1

P141 = 1024——脉冲数

P142 = 1——信号电压

P143 = 980——最大运行速度

P51 = 25——电流环优化

P51 = 26——速度环优化

无编码起优化时，只需把 P83 改为 3 即可。

11.2.2 通讯控制调速器

(1)启动、停止、急停及反转控制(速度给定)(远程和本地)

目的：了解 6RA70 中控制字 1 的功能，并通过速度给定改变电机速度。

(2)驱　动

P644 = 3002，P648 = 3001。

(3)读取反馈回来的参数

例如状态字、计算速度、编码器反馈速度、电流、电压等。(远程和本地)

目的：了解通讯板 CBP2 数据交换过程，并通过此功能读取电机反馈参数。

U734.1 = K32(读取状态字)

U734.2 = K167(读取经变频器计算的反馈速度)

U734.3 = K116(读取电枢电流)

U734.4 = K291(读取电压值)

U734.5 = K40(读取编码器反馈速度)

U734.6 = K265(读取励磁电流)

(4)多段调速(运行灯和故障灯)(远程和本地)

目的：实现多段调速，且了解固定给定方式。

注意：多段调速只有在启动的情况下才能使用。

(5)点动给定、爬行以及它们与速度给定的切换(远程和本地)

P438 = K3002　P443 = K207　P644 = K206

P435.2 = B3302　P436.2 = K402　P402 = 20%

P440.1 = B3306　P441.1 = K401　P401 = 30%

点动和爬行不需要启动。

(6)电动电位计和模拟电位计的应用(远程和本地)

① 电动电位计：只需要把电动电位计速度给定 MW8 与 DB1.DBW0 做和再送到 QW32，再编辑 Wincc 时使用 C 编程即可。实现功能：例如给 MW8 赋值 500，则每点一下加或减 500。

② 模拟电位计：只需把 P644 = K11 即可。

模拟电位计是旋钮操作，只需接线即可且输出 K11 送到 P644。

注意事项：

① F021：外部故障。解决办法：在变量表把控制字的 Bit15 置 1。确认方法：按住 P 再点上升键即可消除。

② F050：电感太大，调小 P76.1 的值。多优化几次

③ K167 是速度反馈，可把 K167 送到 P44，再从 R43 读值。

④ 交流中 R004 或 K22 可以看到电流反馈。

⑤ 直流中 1C、1D 是电枢，3C、3D 是励磁。

⑥ 在直流电机中，A，B 接电枢，F1，F2 接励磁。接电枢和接励磁的线不一样粗。

⑦ 交流中 K148 和 K91 分别是内部计算速度反馈和编码器反馈值。

第 12 章　交流调速器培训

12.1　交流调速器接线及编码器连接

12.1.1　接　线

接线如下：

1 端子(P24V)——3M；	20 端子——AI1C；
7 端子——Q1.0；	21 端子——AI2V；
8 端子——Q1.1；	22 端子——AI2C；
9 端子——Q1.2；	3 端子——I1.0；
15 端子——AOV1；	2 端子——24V -；
16 端子——AOC；	4 端子——I1.1；
19 端子——AI1V；	2 端子——24V -。

12.1.2　编码器连接图

编码器连出 5 根线，分别由 POWER，0V，OUTA，OUTB，OUTZ 引出，OUTA，OUTB，OUTZ 分别代表编码器的 A，B，Z 相。编码器连接图如图 12.1 所示。

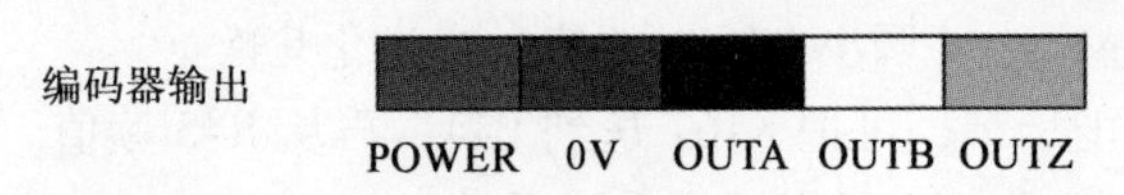

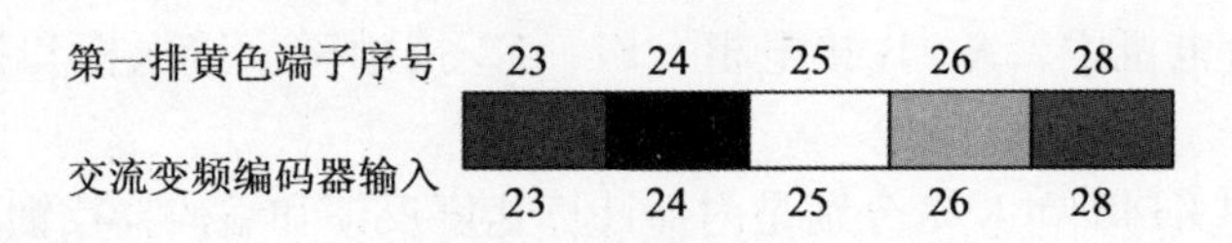

图 12.1　编码器连接图

交流电位计接线图如图 12.2 所示。

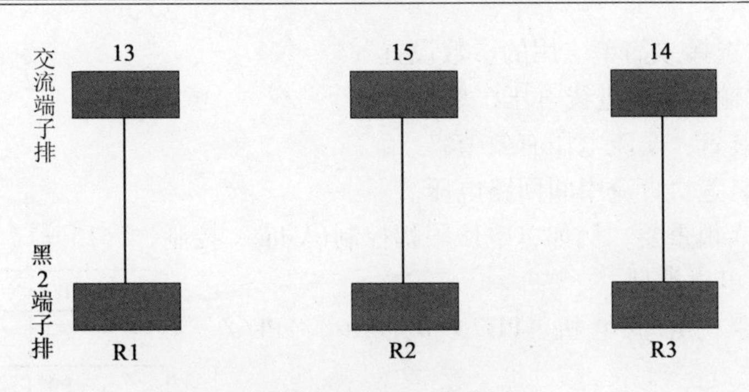

R2是模拟电位计的中间抽头

图12.2 交流电位计接线图

12.2 参数设定及优化

参数设置步骤被分成3类。

(1)参数恢复到工厂设置

工厂设置是装置所有参数被定义的初始状态，装置在这个设置下进行供货。

(2)简单应用的参数设置步骤

简单应用的参数设置常用于已准确了解了装置的应用条件且无须测试以及需要相关扩展参数进行补充的情况。

(3)专家应用的参数设置

专家应用的参数设置经常用于事先不能确切了解装置的使用条件且具体的参数调整必须在本机上完成的情况。

12.2.1 工厂复位、参数化(远程操作)

(1)工厂复位

参数复位：

P053＝6

P060＝2

P366＝0

P970＝0

如果通过参数之一(SST1，SST2，SCB，第1块CB/TB，第2块CB/TB)使参数复位到工厂设置，那些接口的接口参数也不改变。因而，即使在一个参数复位到工厂设置，通过那些接口的通讯仍继续。

(2)快速参数化(简单应用的参数设置步骤)

P100很重要，用来选择控制方式，一旦控制方式更改，就需要重新来参数化和详细参数化，即速度和电流的优化。按照如下所示的步骤进行参数设置。

① 菜单选择“简单应用的参数设置”。

② 单位输入装置进线电压，单位 V。

③ AC 装置：交流电压有效值。

④ DC 装置：直流中间回路电压。

上述输入很重要，例如，电压限幅控制(Vdmax 控制，P515 = 1)。

⑤ 输入电机类型：

2：紧凑式异步电机 1PH7 (= 1PA6)/1PL6/1PH4；

10：异步/同步 IEC(国际标准)；

11：异步/同步 NEMA(US 标准)。

⑥ 输入被连接的 1PH7 = 1PA6/1PL6/1PH4 系列电机的代号。

⑦ 一旦设定了 P095 = 2 和 P097 > 0，就会执行自动参数设置，输入开闭环控制类型：

0——v/f 开环控制 + 带脉冲编码器 n - (P130 = 11)；

1——v/f 开环控制；

2——纺织用 v/f 开环控制；

3——不带测速机的矢量控制(f - 控制)；

4——带测速机的矢量控制(n - 转速)，带脉冲编码器(P130 = 11)；

5——转矩控制(M 控制)，带脉冲编码器(P130 = 11)。

P060 = 3
P071 = ?
P095 = ?
P095=2 P095=10 P095=11
P097 = ?
P100 = ?
P095=2
P097>0

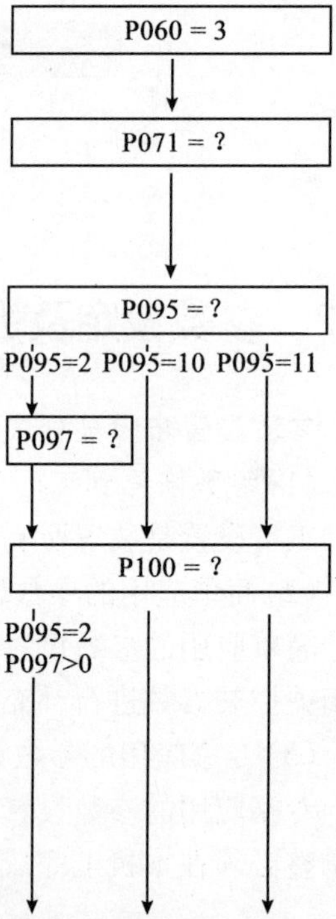

图 12.3　简单应用的参数设置

如图 12.3 所示。

对于 v/f 控制(0，1，2)，用 P330 设定一条线性曲线(P330 = 1：抛物线)。脉冲编码器具有 P151 = 1024/转的脉冲数，如果电机偏离变频器数据，若选择矢量控制类型(P100 = 3，4，5)或采用速度反馈(P100 = 0)，就需输入如图 12.4 所示的电机参数。如果电机功率大于 200kW，应使用矢量控制类型。

实际操作可按下面的值设置(电机的参数见系统硬件文件的说明)：

P60 = 3——菜单选择“简单应用的参数设置”；

P71 = 365——输入装置进线电压，V；

P95 = 10——输入电机类型；

P100 = 3——输入开/闭环控制类型(不带编码器的矢量控制，编码器的反馈值不接入速度环)(P100 = 4 表示带编码器的矢量控制，编码器的反馈值接入速度环)；

P101 = 380——输入电机额定电压；

P102 = 4. 0——输入电机额定电流；

P107 = 50——输入电机额定频率；

P108 = 940——输入电机额定转速，r/min；

P114 = 0——控制系统的工艺边界条件；

P383 = 0——确定电机冷却方式；

P368 = 0——选择设定值和命令源；

P370 = 1——启动简单应用的参数设置；

P60 = 0——结束简单应用的参数设置。

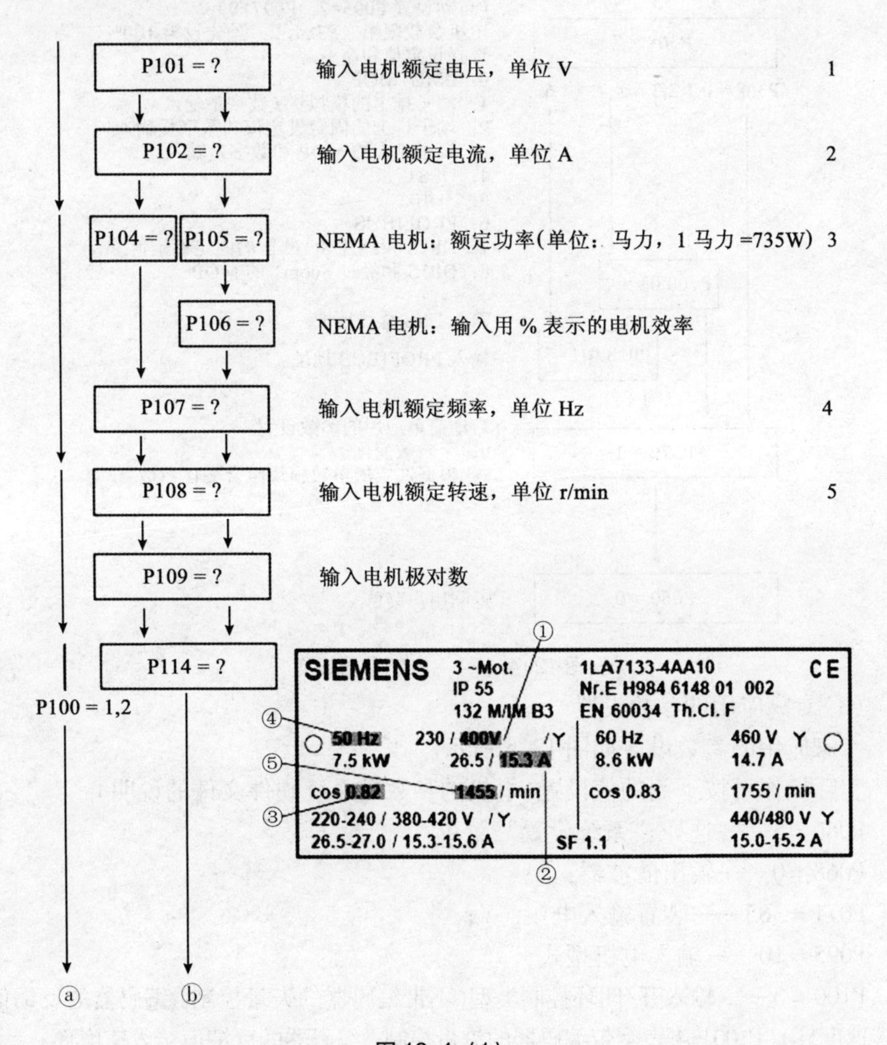

图 12. 4 (1)

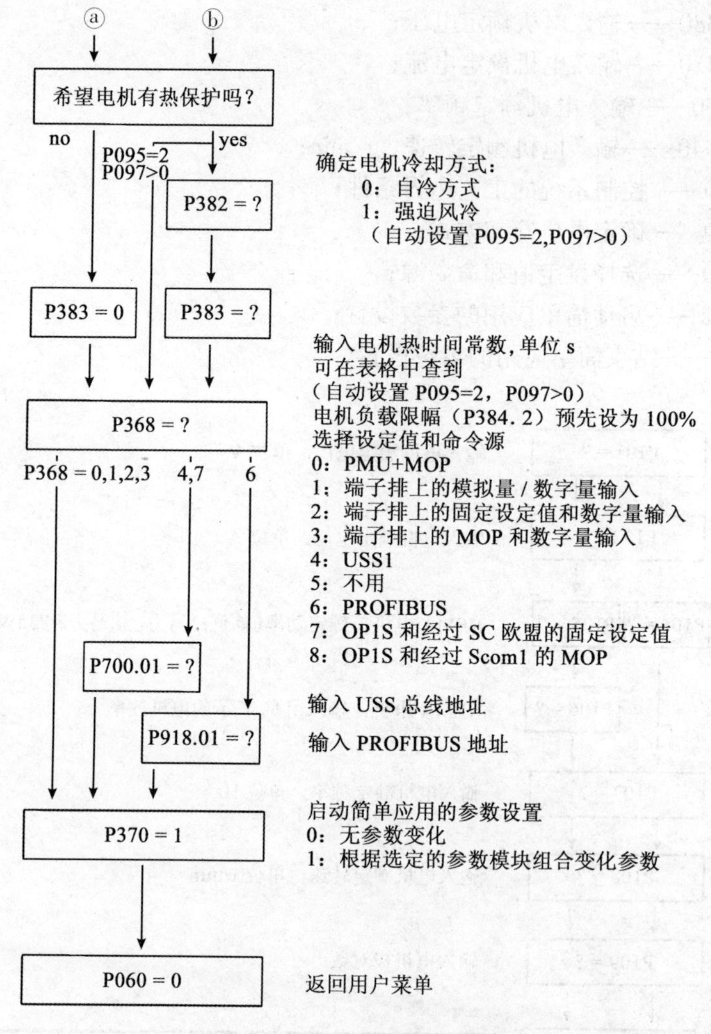

图 12. 4（2）　电机参数设置

（3）专家应用的参数设置

专家应用的参数设置如图 12. 5 所示。

实际操作可按下面的值设置（电机的参数见系统硬件文件的说明）：

P060 = 5——选择“系统设置”菜单；

P068 = 0——输出滤波器；

P071 = 365——装置输入电压，V；

P095 = 10——输入电机型式；

P100 = 3——输入开/闭环控制类型（不带编码器的矢量控制，编码器的反馈值不接入速度环）（P100 = 4 表示带编码器的矢量控制，编码器的反馈值接入速度环）；

P101 = 380——输入电机额定电压；

P102 = 4. 0——输入电机额定电流；

P103 = 0

P107 = 50——输入电机额定频率；

P108 = 940——输入电机额定转速，r/min；

P113 = 9550. PK/NK——本试验中改值为15. 3；

P114 = 0——控制系统的工艺边界条件；

P115 = 1——计算电机模型“自动参数设置”；

P130 = 11——电机编码器的选择；

P151 = 1024——脉冲编码器每转的脉冲数；

P383 = 0

P384. 2 = 0

P350 = 电流的参考量4. 0；

P351 = 电压的参考量380；

P352 = 频率的参考量50；

P353 = 转速的参考量1000；

P354 = 转矩的参考量15. 3；

P060 = 1——回到参数菜单；

P115 = 2——计算电机模型“静止状态电机辨识”。

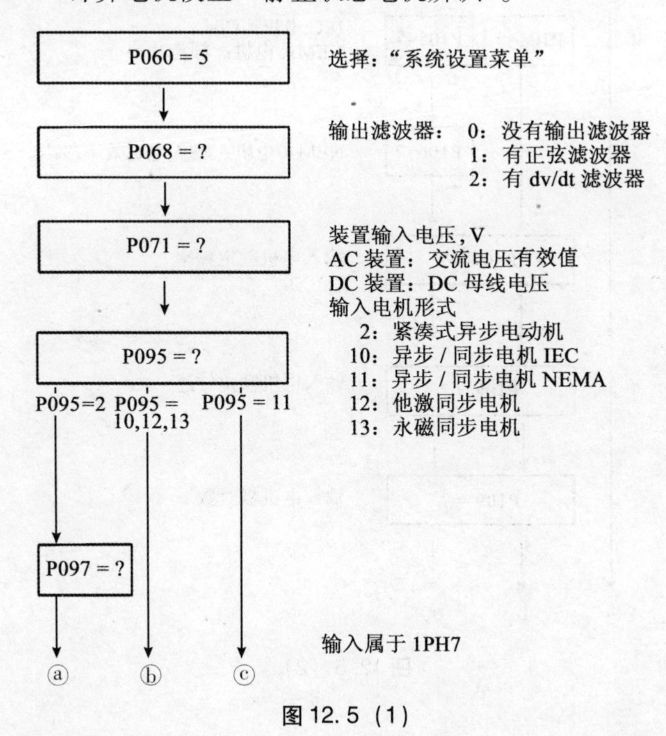

图12. 5（1）

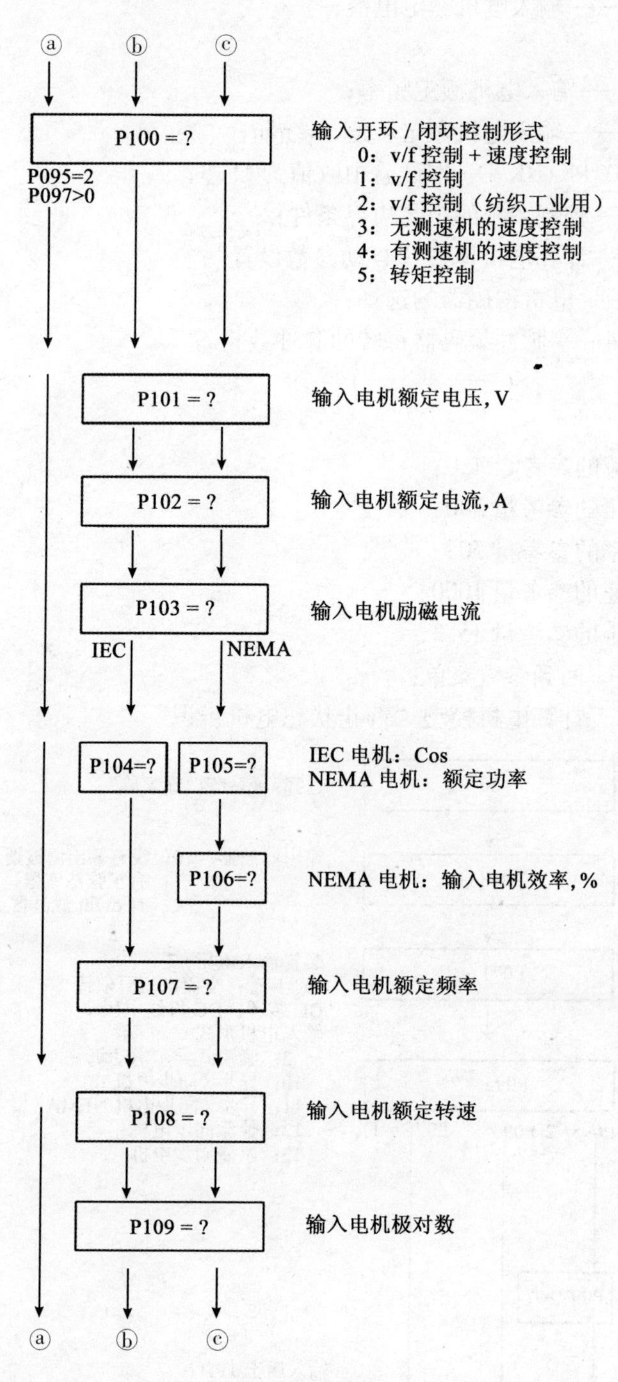
ⓐ
ⓑ
ⓒ
P100 = ?
输入开环 / 闭环控制形式
0：v/f 控制 + 速度控制
1：v/f 控制
2：v/f 控制（纺织工业用）
3：无测速机的速度控制
4：有测速机的速度控制
5：转矩控制
P095=2
P097>0
P101 = ?
输入电机额定电压, V
P102 = ?
输入电机额定电流, A
P103 = ?
输入电机励磁电流
IEC
NEMA
P104=?
P105=?
IEC 电机：Cos
NEMA 电机：额定功率
P106=?
NEMA 电机：输入电机效率, %
P107 = ?
输入电机额定频率
P108 = ?
输入电机额定转速
P109 = ?
输入电机极对数
ⓐ
ⓑ
ⓒ

图 12.5（2）

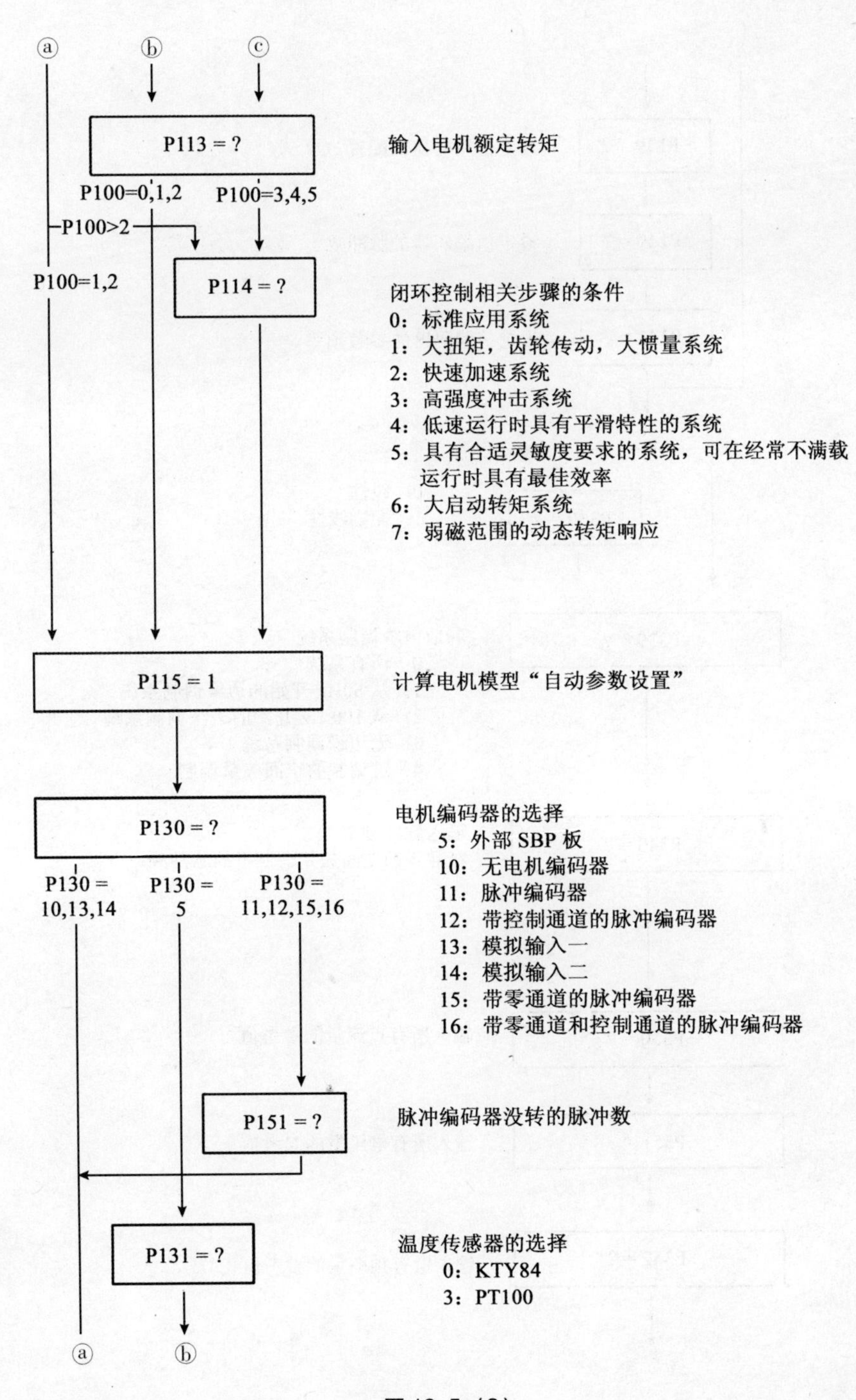
ⓐ
ⓑ
ⓒ
P113 = ?
输入电机额定转矩
P100=0,1,2
P100=3,4,5
P100>2
P100=1,2
P114 = ?
闭环控制相关步骤的条件
0：标准应用系统
1：大扭矩，齿轮传动，大惯量系统
2：快速加速系统
3：高强度冲击系统
4：低速运行时具有平滑特性的系统
5：具有合适灵敏度要求的系统，可在经常不满载运行时具有最佳效率
6：大启动转矩系统
7：弱磁范围的动态转矩响应
P115 = 1
计算电机模型“自动参数设置”
P130 = ?
电机编码器的选择
5：外部 SBP 板
10：无电机编码器
11：脉冲编码器
12：带控制通道的脉冲编码器
13：模拟输入一
14：模拟输入二
15：带零通道的脉冲编码器
16：带零通道和控制通道的脉冲编码器
P130 = 10,13,14
P130 = 5
P130 = 11,12,15,16
P151 = ?
脉冲编码器没转的脉冲数
P131 = ?
温度传感器的选择
0：KTY84
3：PT100
ⓐ
ⓑ

图 12.5（3）

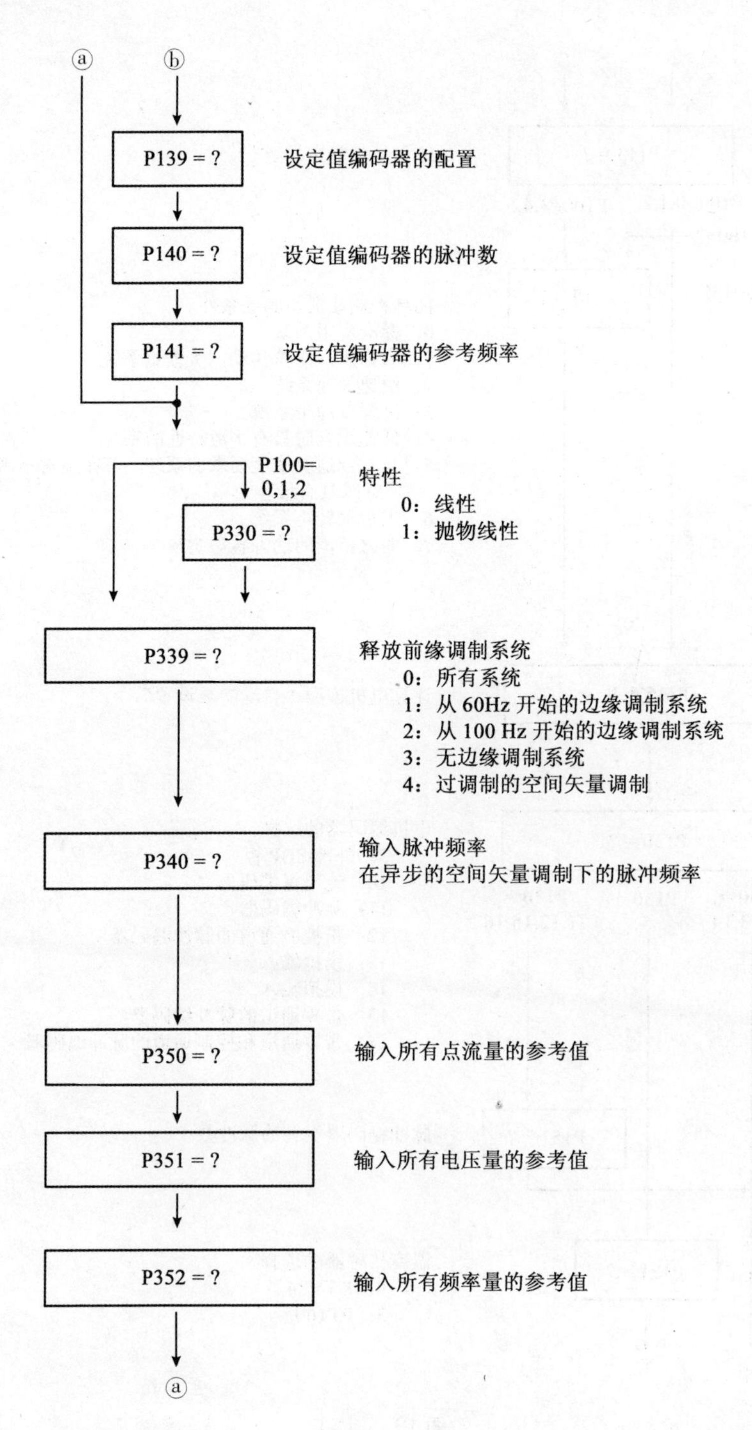
ⓐ
ⓑ
P139 = ?
设定值编码器的配置
P140 = ?
设定值编码器的脉冲数
P141 = ?
设定值编码器的参考频率
P100=
0,1,2
P330 = ?
特性
0：线性
1：抛物线性
P339 = ?
释放前缘调制系统
0：所有系统
1：从 60Hz 开始的边缘调制系统
2：从 100 Hz 开始的边缘调制系统
3：无边缘调制系统
4：过调制的空间矢量调制
P340 = ?
输入脉冲频率
在异步的空间矢量调制下的脉冲频率
P350 = ?
输入所有点流量的参考值
P351 = ?
输入所有电压量的参考值
P352 = ?
输入所有频率量的参考值
ⓐ

图 12.5（4）

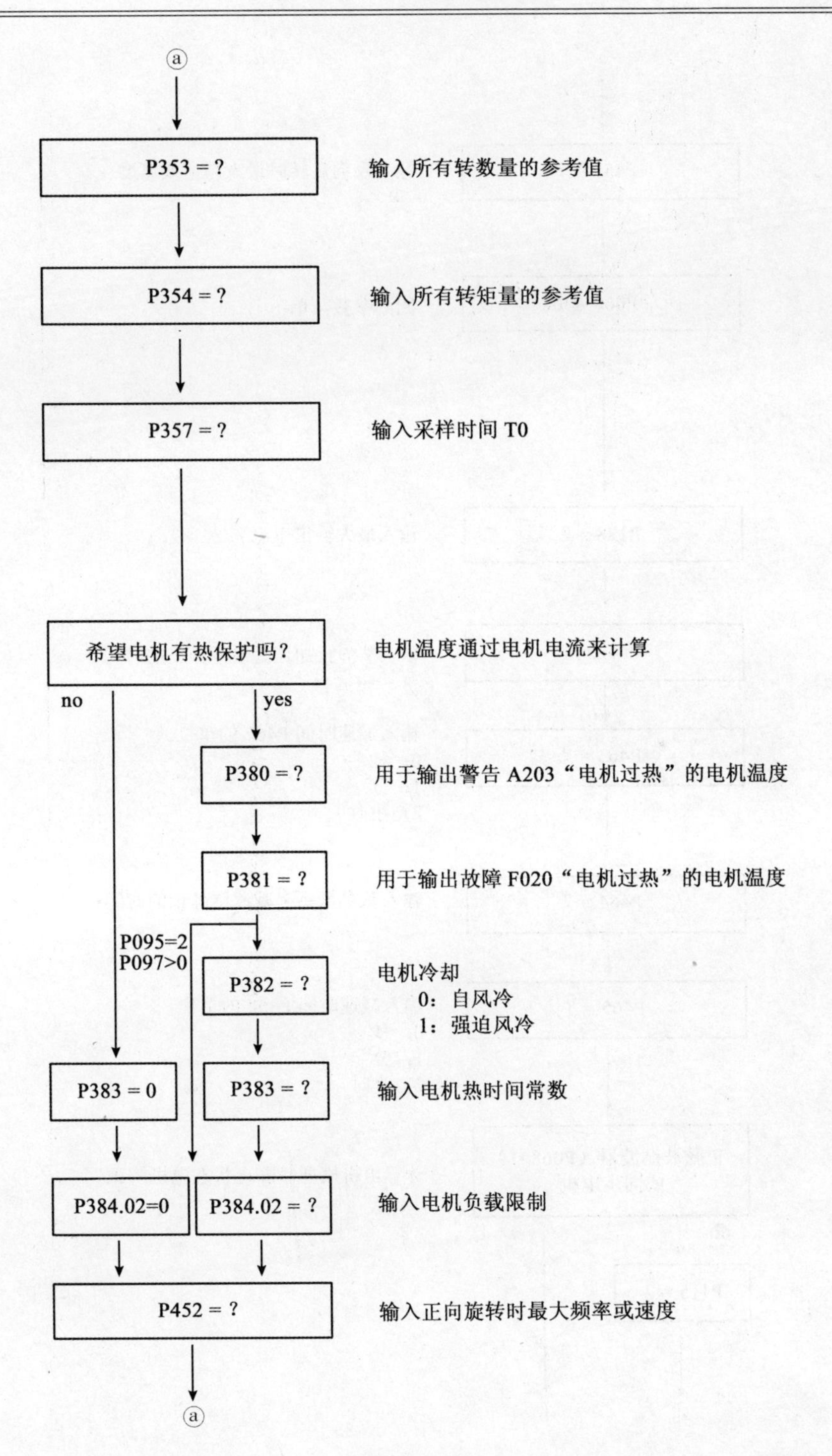
ⓐ
P353 = ?
输入所有转数量的参考值
P354 = ?
输入所有转矩量的参考值
P357 = ?
输入采样时间 T0
希望电机有热保护吗?
电机温度通过电机电流来计算
no
yes
P380 = ?
用于输出警告 A203“电机过热”的电机温度
P381 = ?
用于输出故障 F020“电机过热”的电机温度
P095=2
P097>0
P382 = ?
电机冷却
0：自风冷
1：强迫风冷
P383 = 0
P383 = ?
输入电机热时间常数
P384.02=0
P384.02 = ?
输入电机负载限制
P452 = ?
输入正向旋转时最大频率或速度
ⓐ

图 12.5（5）

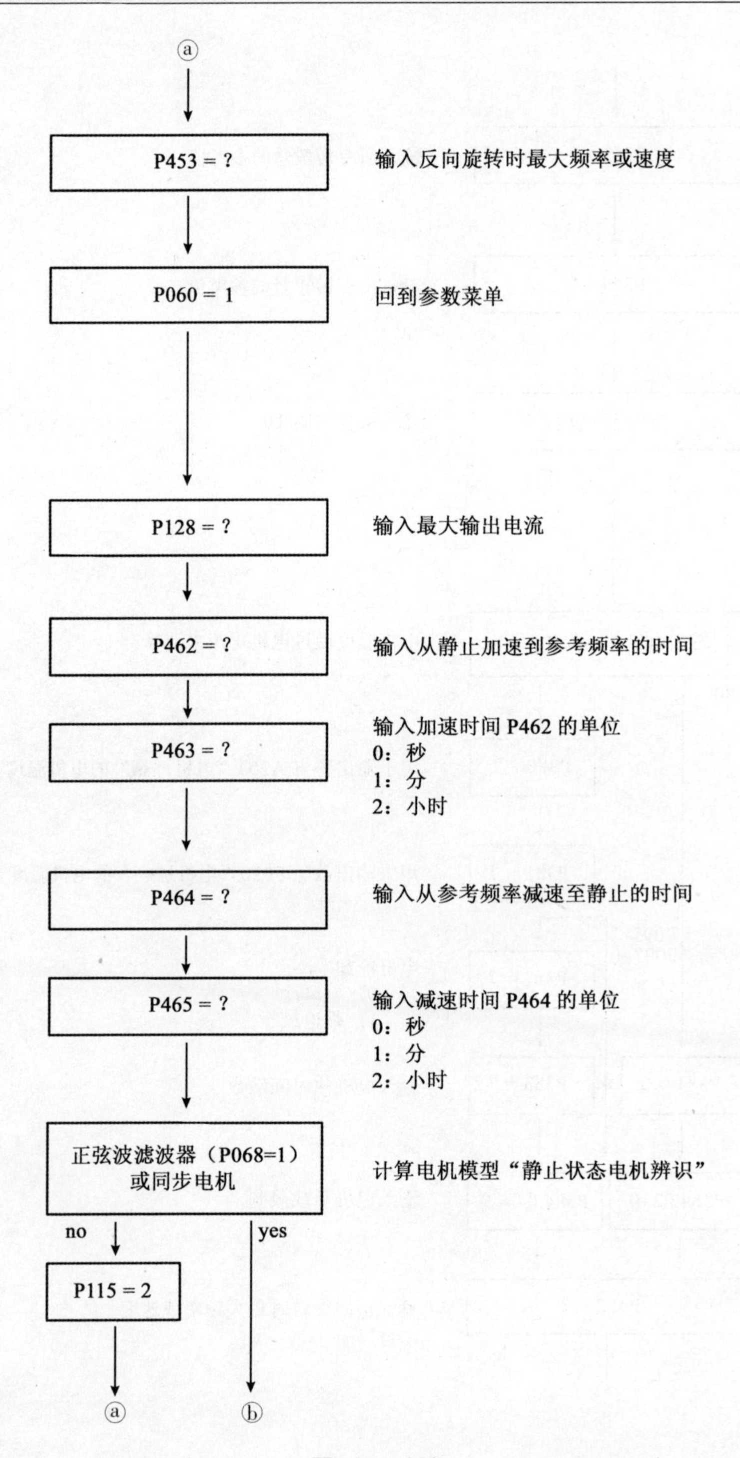
ⓐ
P453 = ?
输入反向旋转时最大频率或速度
P060 = 1
回到参数菜单
P128 = ?
输入最大输出电流
P462 = ?
输入从静止加速到参考频率的时间
P463 = ?
输入加速时间 P462 的单位
0：秒
1：分
2：小时
P464 = ?
输入从参考频率减速至静止的时间
P465 = ?
输入减速时间 P464 的单位
0：秒
1：分
2：小时
正弦波滤波器（P068=1）
或同步电机
计算电机模型“静止状态电机辨识”
no
yes
P115 = 2
ⓐ
ⓑ

图 12.5（6）

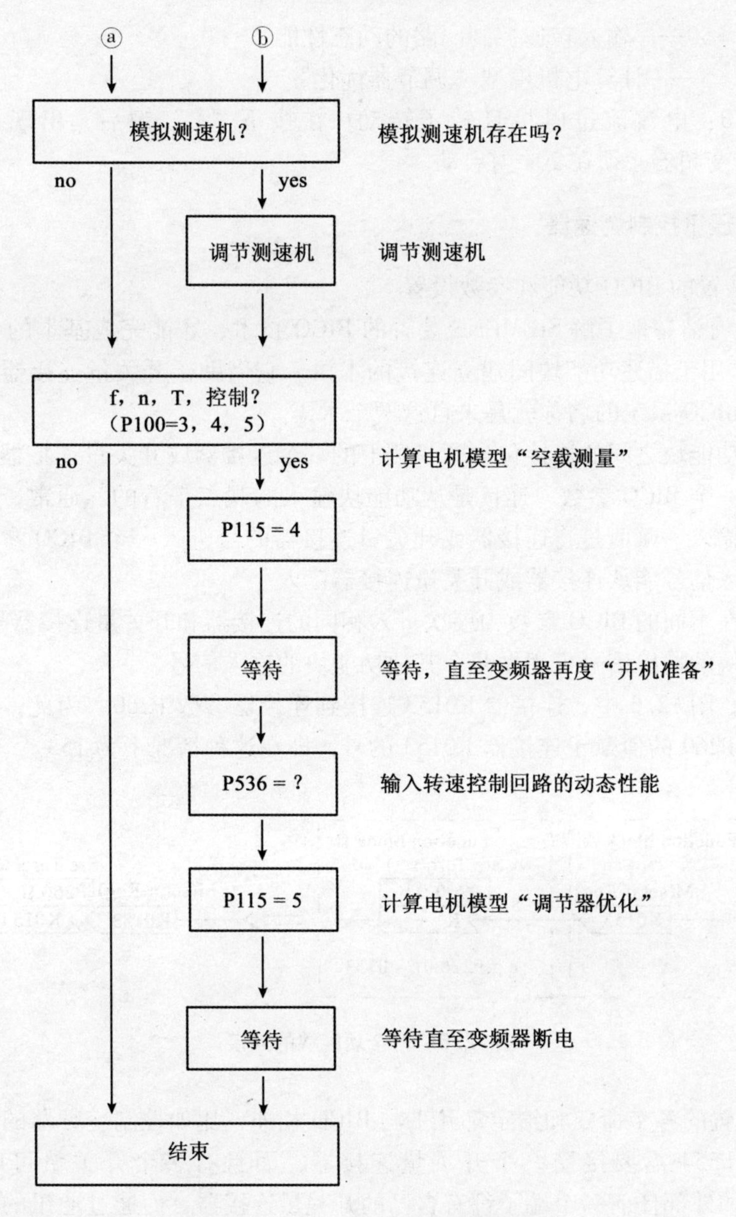

图 12.5（7）　专家应用的参数设置

注意 1：电流流过电机且转子转动！在按下“P”键后，出现警告信号“A087”；变频器必须在 20s 内启动！

P115 =4——计算电机模型“空载测量”。

注意 2：电流流过电机且转子转动！在按下“P”键后，出现警告信号“A080”；变频器必须在 20s 内启动！

P536 = 50——输入转速控制回路的动态性能，%；

P115 = 5——计算电机模型“调节器优化”。

注意 3：电流流过电机且转子转动！在按下“P”键后，出现警告信号“A080”。变频器必须在 20s 内启动。

12.2.2 通讯控制调速器

(1)装置的 BICO 功能和参数设置

① 只有清楚地了解 SIEMENS 装置的 BICO 技术，才能完成基本的功能，BICO 系统是用于描述功能块间建立连接的术语。它借助于开关量连接器和连接器来实现。BICO 系统的名称就是来自这两个术语。

两个功能块之间的连接包含了一侧上的一个连接器或开关量连接器，而在另一侧上有一个 BICO 参数。连接是从功能块输入的观点来看的。通常，必须把输出分配给输入。赋值是将连接器或开关量连接器的号进入一个 BICO 参数，而所要求的输入信号能从连接器或开关量连接器读入。

可以在不同的 BICO 参数中屡次进入相同的连接器和开关量连接器号，因而，一个功能块的输出信号可用做几个其他功能块的输入信号。

例如，图 12.6 中，连接器 K0153 连接到连接器参数 P260。为此，必须将连接器参数 P260 的值赋予连接器 K0153 的号，即在这种情况下为 153。

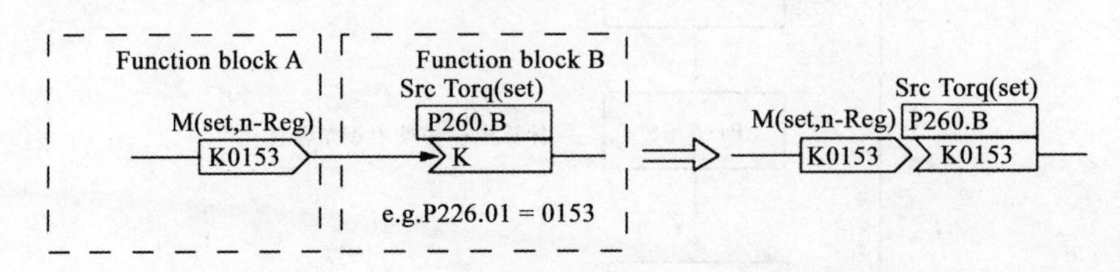

图 12.6 两个功能块的连接

② 装置的各个命令和给定都几乎与 BICO 相连，比如控制变频器的启动和停止的参数 P554 需要接受一个开关量连接器，而且有多个开关量可以连接到 P554，比如外部任何一个端子都有自己的开关量连接器，而通过通讯的方式来控制变频器启停的开关量连接器是 B3100，因此，只要将 P554 = 3100 就可以实现通讯来控制变频器的启动和停止。

可能和不可能的 BICO 连接如图 12.7 所示。控制字和状态字的功能图如图 12.8 所示。

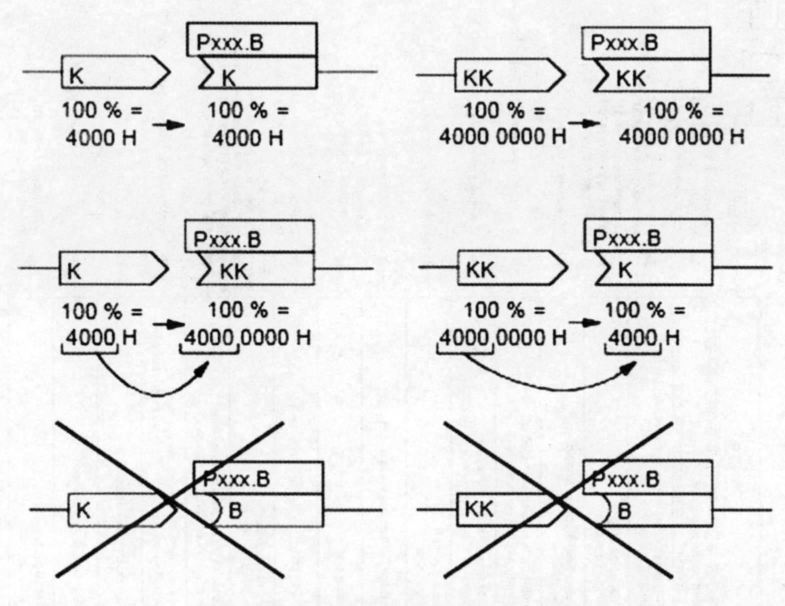

图 12.7　可能和不可能的 BICO 连接

通讯控制，装置的参数设置如图 12.9 所示。

P554 = 3100(通讯控制，第一个控制字的位 0)

P555 = 3101(通讯控制，第一个控制字的位 1)

P443 = 3002(远程给定)，11(模拟量给定)，58(电动电位计给定)

P571 = 3111(正转使能)

P572 = 3112(反转使能)

P566 = 3107

如果要加 off2、off3 等在控制字里的位，需要相应的在装置里设置连接它们的值：

I1.0

I1.4　I1.5 电动电位计　KK58

模拟电位计 KK11

Q0.4 运行指示

Q0.5 故障指示

Q0.3 远程和本地指示亮时为远程。本地和远程切换时，要在装置里设置 P443 的主给定。

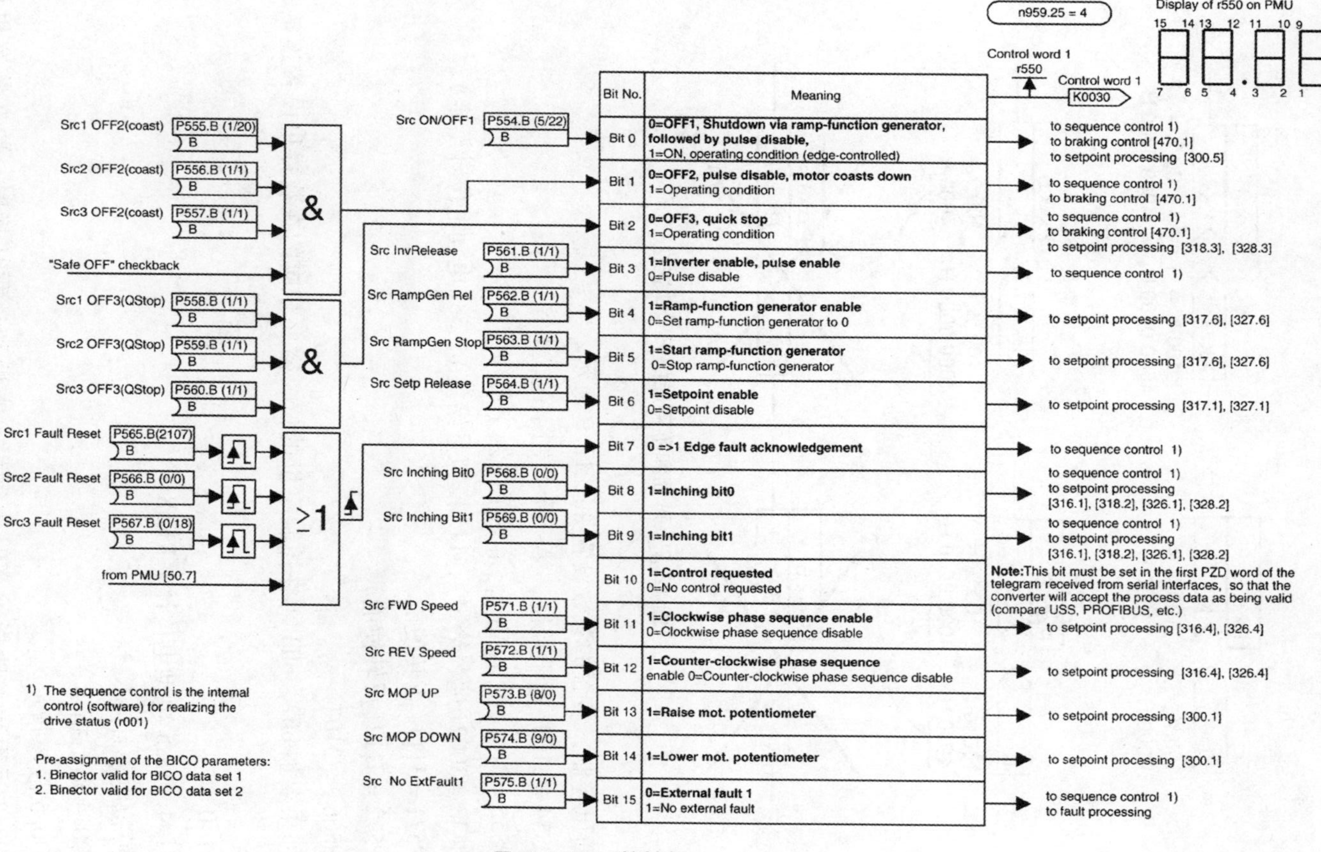
n959.25 = 4
Display of r550 on PMU
15 14 13 12 11 10 9 8
7 6 5 4 3 2 1 0
Control word 1
r550
Control word 1
K0030
Src1 OFF2(coast) P555.B (1/20) B
Src2 OFF2(coast) P556.B (1/1) B
Src3 OFF2(coast) P557.B (1/1) B
"Safe OFF" checkback
Src1 OFF3(QStop) P558.B (1/1) B
Src2 OFF3(QStop) P559.B (1/1) B
Src3 OFF3(QStop) P560.B (1/1) B
Src1 Fault Reset P565.B(2107) B
Src2 Fault Reset P566.B (0/0) B
Src3 Fault Reset P567.B (0/18) B
from PMU [50.7]
&
&
≥1
Src ON/OFF1 P554.B (5/22) B
Src InvRelease P561.B (1/1) B
Src RampGen Rel P562.B (1/1) B
Src RampGen Stop P563.B (1/1) B
Src Setp Release P564.B (1/1) B
Src Inching Bit0 P568.B (0/0) B
Src Inching Bit1 P569.B (0/0) B
Src FWD Speed P571.B (1/1) B
Src REV Speed P572.B (1/1) B
Src MOP UP P573.B (8/0) B
Src MOP DOWN P574.B (9/0) B
Src No ExtFault1 P575.B (1/1) B
Bit No.
Meaning
Bit 0 0=OFF1, Shutdown via ramp-function generator, followed by pulse disable, 1=ON, operating condition (edge-controlled)
Bit 1 0=OFF2, pulse disable, motor coasts down 1=Operating condition
Bit 2 0=OFF3, quick stop 1=Operating condition
Bit 3 1=Inverter enable, pulse enable 0=Pulse disable
Bit 4 1=Ramp-function generator enable 0=Set ramp-function generator to 0
Bit 5 1=Start ramp-function generator 0=Stop ramp-function generator
Bit 6 1=Setpoint enable 0=Setpoint disable
Bit 7 0 =>1 Edge fault acknowledgement
Bit 8 1=Inching bit0
Bit 9 1=Inching bit1
Bit 10 1=Control requested 0=No control requested
Bit 11 1=Clockwise phase sequence enable 0=Clockwise phase sequence disable
Bit 12 1=Counter-clockwise phase sequence enable 0=Counter-clockwise phase sequence disable
Bit 13 1=Raise mot. potentiometer
Bit 14 1=Lower mot. potentiometer
Bit 15 0=External fault 1 1=No external fault
to sequence control 1) to braking control [470.1] to setpoint processing [300.5]
to sequence control 1) to braking control [470.1]
to sequence control 1) to braking control [470.1] to setpoint processing [318.3], [328.3]
to sequence control 1)
to setpoint processing [317.6], [327.6]
to setpoint processing [317.6], [327.6]
to setpoint processing [317.1], [327.1]
to sequence control 1)
to sequence control 1) to setpoint processing [316.1], [318.2], [326.1], [328.2]
to sequence control 1) to setpoint processing [316.1], [318.2], [326.1], [328.2]
Note: This bit must be set in the first PZD word of the telegram received from serial interfaces, so that the converter will accept the process data as being valid (compare USS, PROFIBUS, etc.)
to setpoint processing [316.4], [326.4]
to setpoint processing [316.4], [326.4]
to setpoint processing [300.1]
to setpoint processing [300.1]
to sequence control 1) to fault processing
1) The sequence control is the internal control (software) for realizing the drive status (r001)
Pre-assignment of the BICO parameters:
1. Binector valid for BICO data set 1
2. Binector valid for BICO data set 2

图12.8（1） 控制字1

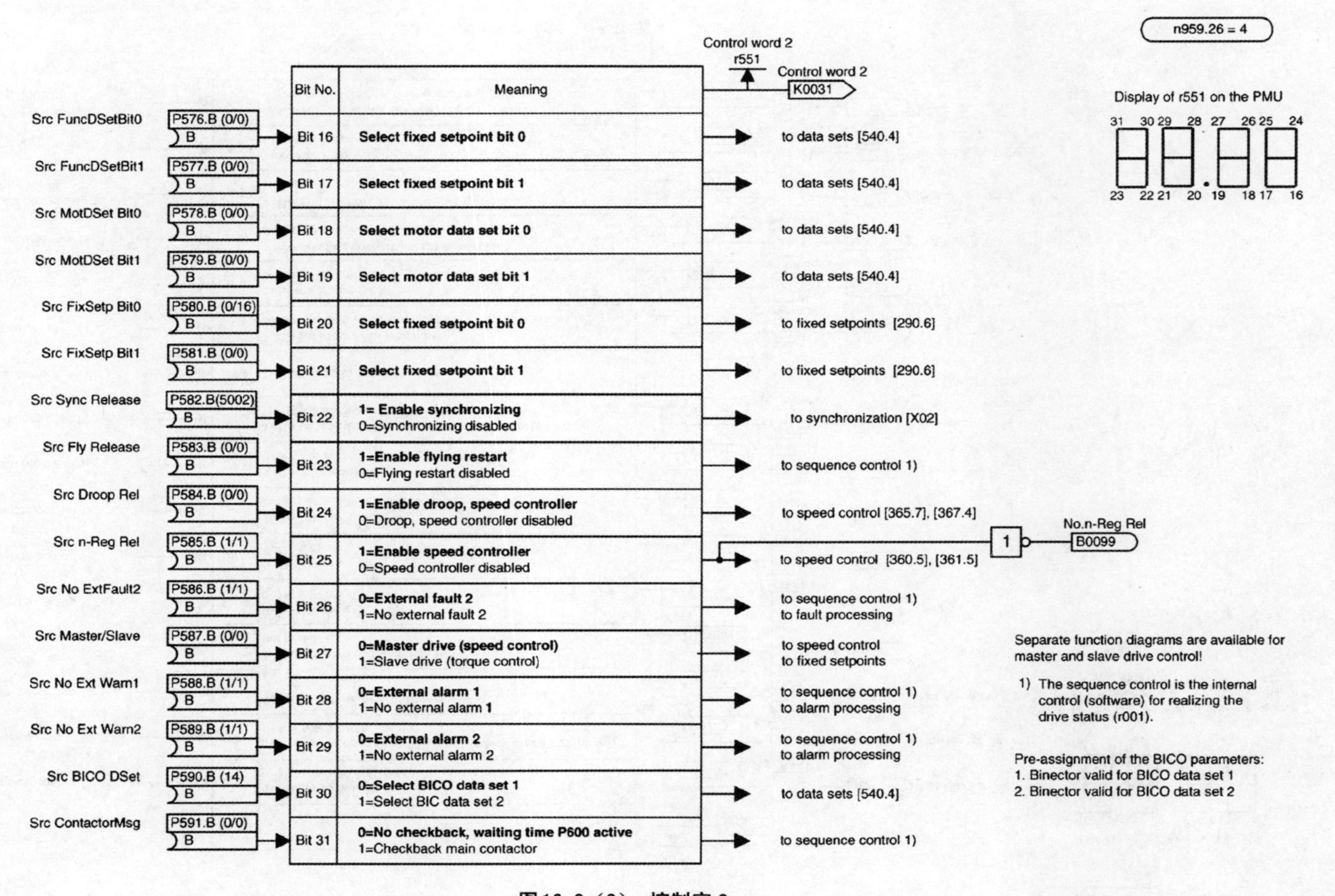
n959.26 = 4
Control word 2
r551
Control word 2
K0031
Display of r551 on the PMU
31 30 29 28 27 26 25 24
23 22 21 20 19 18 17 16
Bit No.
Meaning
Src FuncDSetBit0
P576.B (0/0)
Bit 16
Select fixed setpoint bit 0
to data sets [540.4]
Src FuncDSetBit1
P577.B (0/0)
Bit 17
Select fixed setpoint bit 1
to data sets [540.4]
Src MotDSet Bit0
P578.B (0/0)
Bit 18
Select motor data set bit 0
to data sets [540.4]
Src MotDSet Bit1
P579.B (0/0)
Bit 19
Select motor data set bit 1
to data sets [540.4]
Src FixSetp Bit0
P580.B (0/16)
Bit 20
Select fixed setpoint bit 0
to fixed setpoints [290.6]
Src FixSetp Bit1
P581.B (0/0)
Bit 21
Select fixed setpoint bit 1
to fixed setpoints [290.6]
Src Sync Release
P582.B(5002)
Bit 22
1= Enable synchronizing
0=Synchronizing disabled
to synchronization [X02]
Src Fly Release
P583.B (0/0)
Bit 23
1=Enable flying restart
0=Flying restart disabled
to sequence control 1)
Src Droop Rel
P584.B (0/0)
Bit 24
1=Enable droop, speed controller
0=Droop, speed controller disabled
to speed control [365.7], [367.4]
Src n-Reg Rel
P585.B (1/1)
Bit 25
1=Enable speed controller
0=Speed controller disabled
to speed control [360.5], [361.5]
1
No.n-Reg Rel
B0099
Src No ExtFault2
P586.B (1/1)
Bit 26
0=External fault 2
1=No external fault 2
to sequence control 1)
to fault processing
Src Master/Slave
P587.B (0/0)
Bit 27
0=Master drive (speed control)
1=Slave drive (torque control)
to speed control
to fixed setpoints
Src No Ext Warn1
P588.B (1/1)
Bit 28
0=External alarm 1
1=No external alarm 1
to sequence control 1)
to alarm processing
Src No Ext Warn2
P589.B (1/1)
Bit 29
0=External alarm 2
1=No external alarm 2
to sequence control 1)
to alarm processing
Src BICO DSet
P590.B (14)
Bit 30
0=Select BICO data set 1
1=Select BIC data set 2
to data sets [540.4]
Src ContactorMsg
P591.B (0/0)
Bit 31
0=No checkback, waiting time P600 active
1=Checkback main contactor
to sequence control 1)
B
Separate function diagrams are available for master and slave drive control!
1) The sequence control is the internal control (software) for realizing the drive status (r001).
Pre-assignment of the BICO parameters:
1. Binector valid for BICO data set 1
2. Binector valid for BICO data set 2

图12.8（2） 控制字2

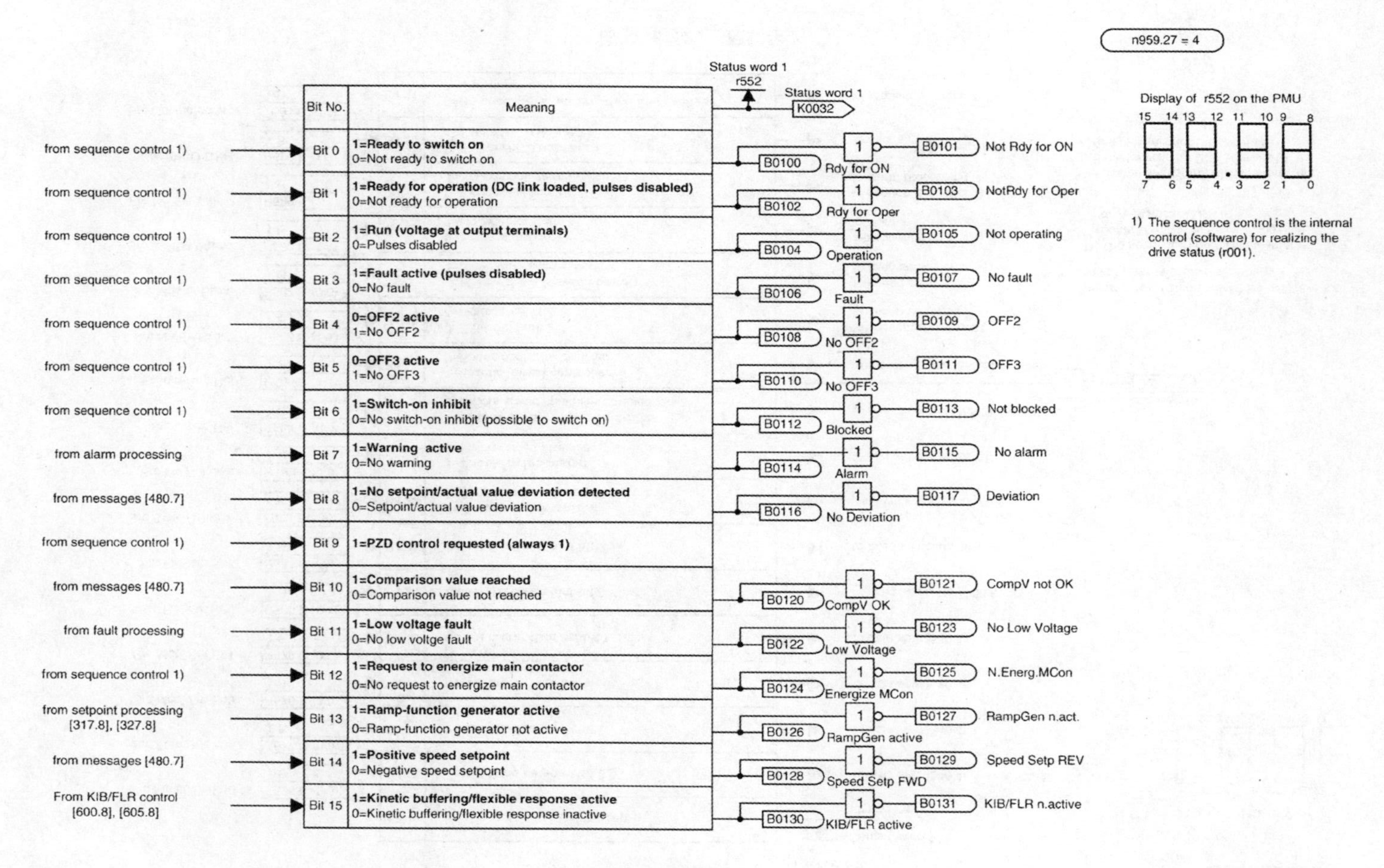

n959.27 = 4
Status word 1
r552
Status word 1
K0032
Bit No.
Meaning
from sequence control 1)
Bit 0
1=Ready to switch on
0=Not ready to switch on
from sequence control 1)
Bit 1
1=Ready for operation (DC link loaded, pulses disabled)
0=Not ready for operation
from sequence control 1)
Bit 2
1=Run (voltage at output terminals)
0=Pulses disabled
from sequence control 1)
Bit 3
1=Fault active (pulses disabled)
0=No fault
from sequence control 1)
Bit 4
0=OFF2 active
1=No OFF2
from sequence control 1)
Bit 5
0=OFF3 active
1=No OFF3
from sequence control 1)
Bit 6
1=Switch-on inhibit
0=No switch-on inhibit (possible to switch on)
from alarm processing
Bit 7
1=Warning active
0=No warning
from messages [480.7]
Bit 8
1=No setpoint/actual value deviation detected
0=Setpoint/actual value deviation
from sequence control 1)
Bit 9
1=PZD control requested (always 1)
from messages [480.7]
Bit 10
1=Comparison value reached
0=Comparison value not reached
from fault processing
Bit 11
1=Low voltage fault
0=No low voltge fault
from sequence control 1)
Bit 12
1=Request to energize main contactor
0=No request to energize main contactor
from setpoint processing [317.8], [327.8]
Bit 13
1=Ramp-function generator active
0=Ramp-function generator not active
from messages [480.7]
Bit 14
1=Positive speed setpoint
0=Negative speed setpoint
From KIB/FLR control [600.8], [605.8]
Bit 15
1=Kinetic buffering/flexible response active
0=Kinetic buffering/flexible response inactive
B0100 Rdy for ON
B0101 Not Rdy for ON
B0102 Rdy for Oper
B0103 NotRdy for Oper
B0104 Operation
B0105 Not operating
B0106 Fault
B0107 No fault
B0108 No OFF2
B0109 OFF2
B0110 No OFF3
B0111 OFF3
B0112 Blocked
B0113 Not blocked
B0114 Alarm
B0115 No alarm
B0116 No Deviation
B0117 Deviation
B0120 CompV OK
B0121 CompV not OK
B0122 Low Voltage
B0123 No Low Voltage
B0124 Energize MCon
B0125 N.Energ.MCon
B0126 RampGen active
B0127 RampGen n.act.
B0128 Speed Setp FWD
B0129 Speed Setp REV
B0130 KIB/FLR active
B0131 KIB/FLR n.active
1
Display of r552 on the PMU
15 14 13 12 11 10 9 8
7 6 5 4 3 2 1 0
1) The sequence control is the internal control (software) for realizing the drive status (r001).

图12.8（3） 状态字1

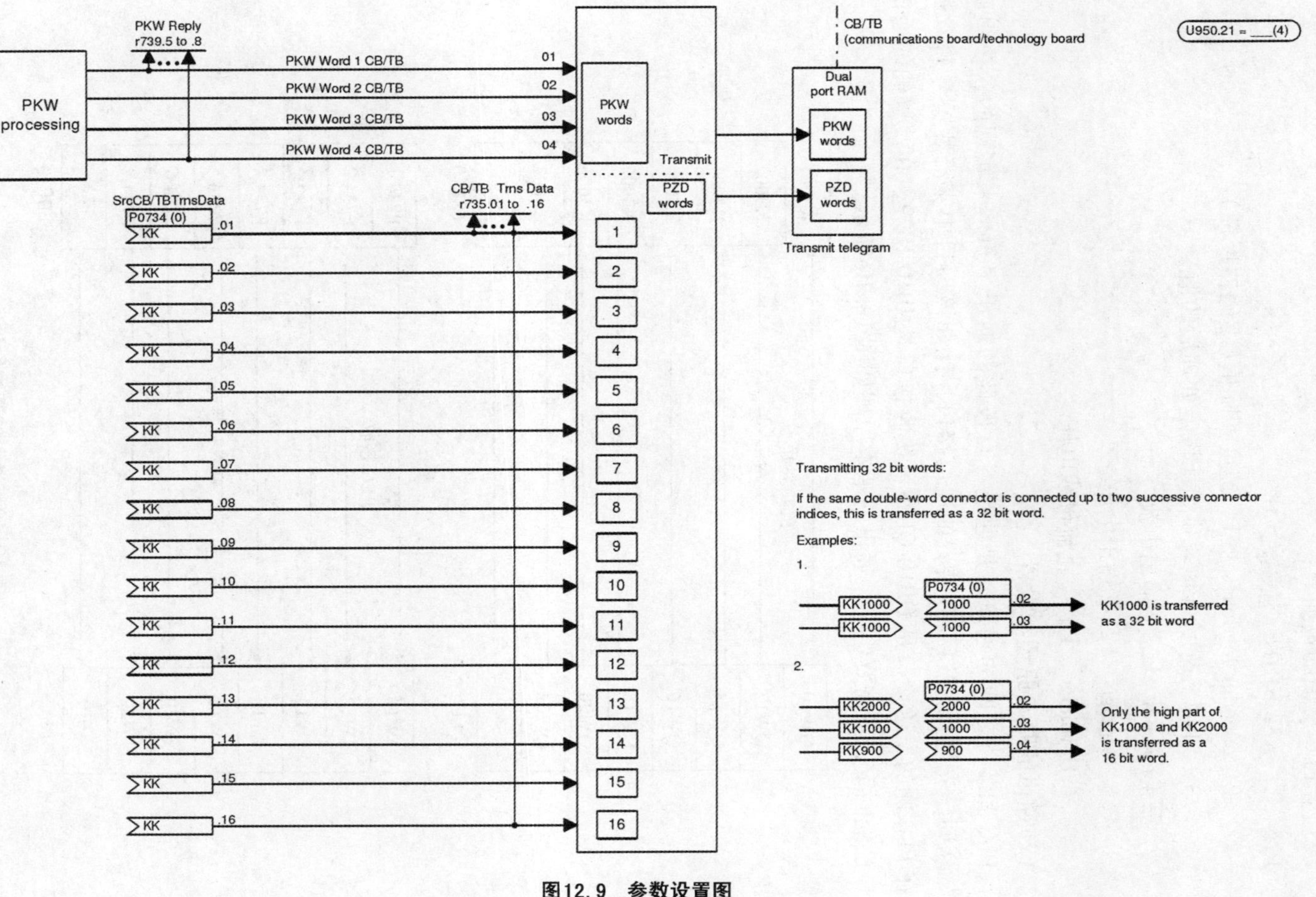

PKW processing
PKW Reply
r739.5 to .8
PKW Word 1 CB/TB
PKW Word 2 CB/TB
PKW Word 3 CB/TB
PKW Word 4 CB/TB
01
02
03
04
PKW words
Transmit
PZD words
CB/TB
(communications board/technology board
U950.21 = ___(4)
Dual port RAM
PKW words
PZD words
Transmit telegram
SrcCB/TBTrnsData
P0734 (0)
KK
.01
.02
.03
.04
.05
.06
.07
.08
.09
.10
.11
.12
.13
.14
.15
.16
CB/TB Trns Data
r735.01 to .16
1
2
3
4
5
6
7
8
9
10
11
12
13
14
15
16
Transmitting 32 bit words:
If the same double-word connector is connected up to two successive connector indices, this is transferred as a 32 bit word.
Examples:
1.
KK1000
KK1000
P0734 (0)
1000
1000
.02
.03
KK1000 is transferred as a 32 bit word
2.
KK2000
KK1000
KK900
P0734 (0)
2000
1000
900
.02
.03
.04
Only the high part of KK1000 and KK2000 is transferred as a 16 bit word.

图12.9　参数设置图

装置给 PLC 反馈的量如下：

P734.1　K32 STSTE　状态字 1

　　.2　encoder feedback k91　速度实际值(编码器反馈)

　　.3　k148　速度/频率实际值(设定处理后的值)

　　.4 current　k22　输出电流

　　.5　voltage　k21　输出电压

　　.6 Dcvoltage　k25　直流母线电压

(2)通讯的基本原理和设置

PLC 和装置之间的通讯，是通过各自彼此的通讯 Buffer 来实现的，在组态 PLC 期间，先划分好 PLC 和装置的通信接口，比如该项目中交流装置与 PLC 通信在 PLC 侧的发送接口是 QB10-QB29，接收接口是 IB10-IB29，在装置侧的通信接口已经固定，不需要组态。通讯的基本原理如图 12.10 所示。

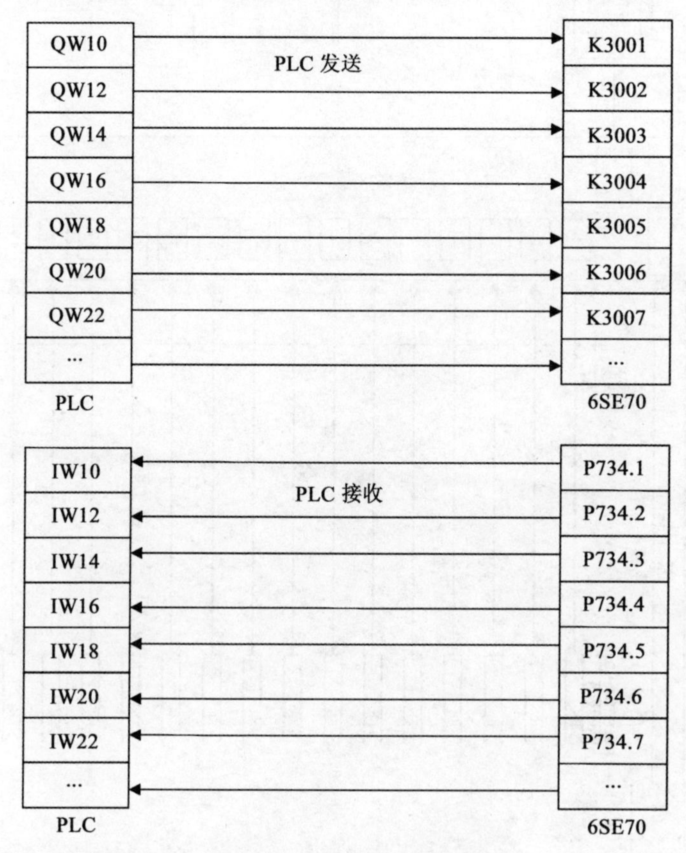

图 12.10　通讯的基本原理

注意：2 个与通讯有关的参数 P918，P927。

P918：装置的 PROFIBUS 地址，交流装置都为 3，直流装置为 4。这个参数在进行 PLC 组态时要确定。

P927：等于 7，表示装置的 CBP2 板使能。否则，用 DriveES 不能访问装置。

(3)各套设备优化情况表

以下参数是经过优化的参数，如果以后遇到优化不能通过，可以把这些参数直接输入到对应装置的参数里。

另外，在实验室的第 9 台计算机 D 盘下目录为 D：\ keda \ keda3-19 的项目下有已经优化过的每台装置的完全的参数备份，可以直接下载到装置里。

电流环、速度环优化后各 PI 参数的记录值如下：

电流环 P 参数 P283 P284

电流环 I 参数

速度环 P 参数 K0156　R237P235

速度环 I 参数 P240

P100 =4(带编码器反馈)时各设备的参数如表 12.1 所示。

表 12.1　P100 =4 时各设备的参数

	电流环 P P283	电流环 I P284	速度环 P P235	速度环 IP240	调试状态
1#设备					Ok
2#设备	0. 202	4. 8	3. 0	400	F091
3#设备	0. 202	4. 8	2. 0	134	Ok
4#设备					
5#设备					编码器轴断掉
6#设备	0. 199	4. 8	3. 7	307	Ok
7#设备					
8#设备					
9#设备	0. 211	4. 8	1. 4	211	Ok
10#设备	0. 195	4. 8	1. 7	211	Ok

P100 =3 时各设备的参数如表 12.2 所示。

表 12.2　P100 =3 时各设备的参数

	电流环 P P283	电流环 I P284	速度环 P P235	速度环 IP240	调试状态
1#设备					Ok
2#设备	0. 208	4. 8	0. 8	161	Ok
3#设备	0. 201	4. 8	1. 4	162	Ok
4#设备					Ok
5#设备					Ok
6#设备	0. 199	4. 8	3. 7	307	Ok
7#设备					Ok
8#设备	0. 215	4. 8	1. 6	162	Ok
9#设备	0. 213	4. 8	1. 4	162	Ok
10#设备	0. 199	4. 8	1. 1	161	Ok

第 4 篇　过程控制综合培训

第 13 章　常规 PID 控制系统

13.1　功能块 FB41“CONT_C”

13.1.1　简　介

在 SIMATIC S7 可编程控制器上，功能块 FB41 用来控制具有连续输入输出的技术过程。在参数设置过程中，用户可以通过参数设置来激活或取消激活 PID 控制的某些子功能来设计适应过程需要的控制器。

用户可以将其作为一个给定点 PID 控制器，或者在多环路控制中作为串级、混合或比率控制器。控制器的算法是基于具有模拟输入信号的采样 PID 控制。如果扩展需要的话，可以引入一个脉冲发生器，来产生具有脉宽调制的操作值输出，以提供给带有比例执行器的两级或三级步进控制器。

13.1.2　功能描述

除了给定点和过程变量分支的功能外，FB 自己就可以实现一个完整的具有连续操作值输出并且具有手动改变操作值功能的 PID 控制器。FB41 功能模块如图 13.1 所示。下面是各子功能的详细描述。

(1)给定点分支

给定点的值以浮点形式在 SP_INT 处输入。

(2)过程变量分支

过程变量可以从外设直接输入到 PV_PER 或以浮点 PV-IN 形式输入，功能 CRP_IN 将从外设来的值 PV-PER 转化成范围在 -100% ~100%之间的浮点形式，根据下面的法则进行转换：

$$CRP\_IN = PV\_PER * 100/27648$$

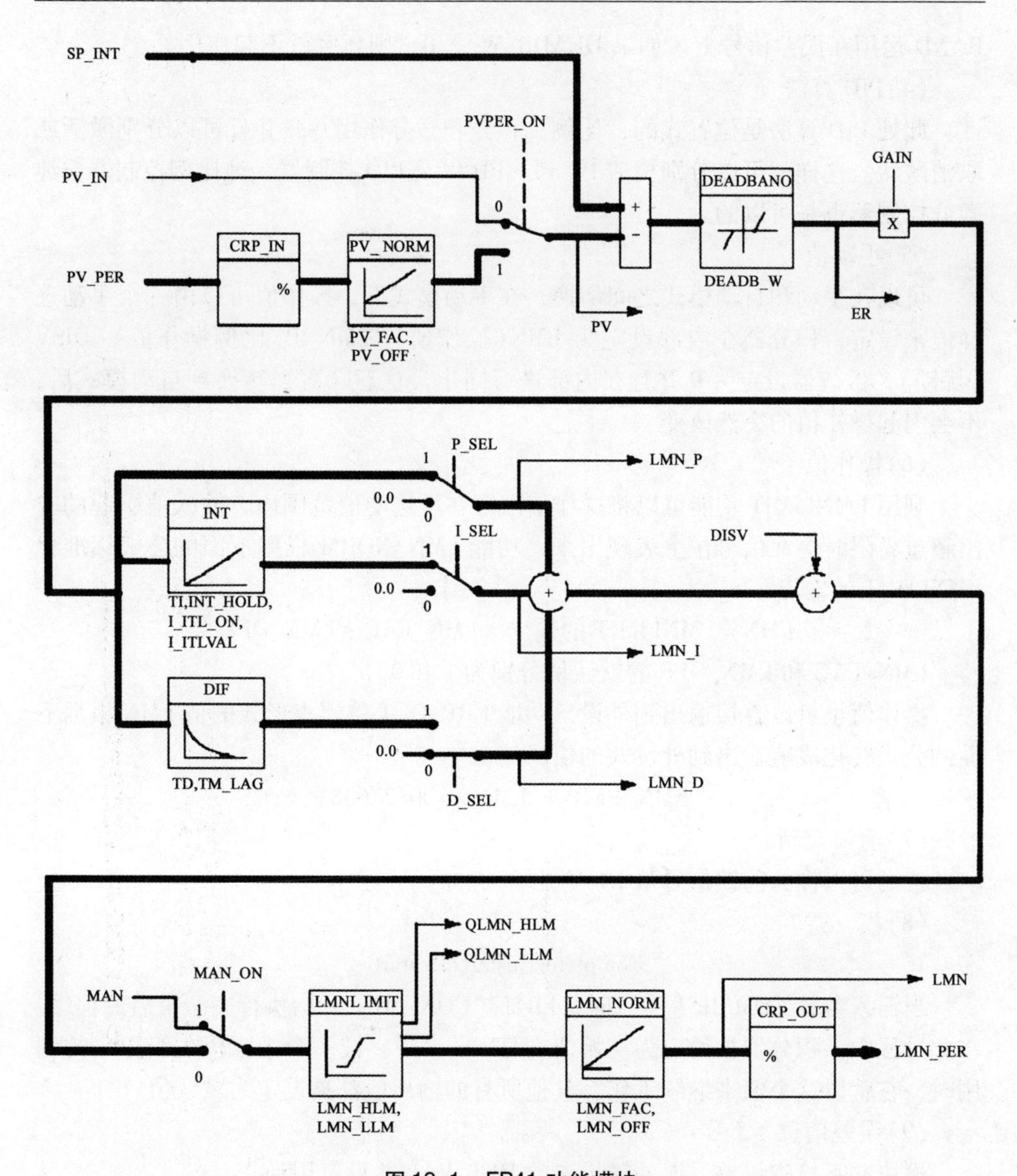

图 13.1　FB41 功能模块

功能 PV_NORM 根据下面的法则标准化输出 CRP_IN：

PV_NORM 的输出 =（CRP_IN 的输出）* PV_FAC + PV_OFF

PV_FAC 和 PV_OFF 的默认值分别为 1 和 0。

(3) 误差信号

误差是给定点和过程变量之间的差值。为了抑制由于控制量量化而引起的小扰动(例如，控制量由于其执行电子管的有限分辨率)，可将死区功能 DEAD-

BAND 运用在误差信号上。如果 DEADB_W = 0，则死区就不起作用。

(4) PID 算法

此处 PID 算法是位置式的，比例、积分和微分作用并联并且可以分别激活或取消激活。这样就可以分别构造 P、PI、PD 以及 PID 控制器。纯比例控制器或纯微分控制器也是可以的。

(5) 手动值

可以在手动和自动模式之间切换，在手动模式下，操作值可以由一个手动选择值来设定，积分器在内部设定为 LMN(操作值) - LMN_P(比例操作值) - DISV(扰动)，微分器设定为 0 并且在内部进行同步，这意味着当转换到自动模式后，不会引起操作值的突然改变。

(6) 操作值

利用 LMNLIMIT 功能可以将操作值限定在所选的值范围内，输入值引起的输出超过界限时会在信号位上表现出来，功能 LMN_NORM 根据下面的公式标准化 LMNLIMIT 的输出：

LMN = LMNLIMIT 的输出 × LMN_FAC + LMN_OFF

LMN_FAC 和 LMN_OFF 的默认值分别为 1 和 0。

操作值也可以直接输出到外设，功能 CRP_OUT 将浮点形式的值 LMN 根据下面的公式转化成能输出到外设式的值：

LMN_PER = LMN × 100/27648

(7) 前馈控制

扰动可以作为前馈信号从 DISV 处输入。

(8) 模　式

Complete Restart/Restart

当输入参数 COM_RST 为真时，FB41 “CONT_C” 开始执行完全重启的程序。在此过程中，积分器被设定为初始值 I_ITVAL，当它被一个中断优先级更高的调用时，它就以这个值来继续工作，其他所有的输出值都被设定为默认值。

(9) 误差信息

模块并不检查误差，误差输出参数 RET_VAL 并没有用到。

(10) 输入参数

输入参数如表 13.1 所示。

表 13.1　FB41 输入参数

参　数	数据类型	数据范围	默认值	描　述
COM_RST	BOOL		FALSE	完全重启，当为真时执行重启程序
MAN_ON	BOOL		TRUE	手动操作，若为真，控制环中断，操作值手动设定
PVPER_ON	BOOL		FALSE	过程变量直接从外设输入
P_SEL	BOOL		TRUE	为真则比例控制起作用
I_SEL	BOOL		TRUE	为真则积分控制起作用
D_SEL	BOOL		FALSE	为真则微分控制起作用
INT_HOLD	BOOL		FALSE	为真则积分控制的输出不变
I_ITL_ON	BOOL		FALSE	为真，使积分器的输出为 I_ITLVAL
CYCLE	TIME	> = 1ms	T#1s	采样时间
SP_INT	REAL	-100 ~ 100% 或者物理量	0.0	内部的给定点的输入值
PV_IN	REAL	-100 ~ 100% 或者物理量	0.0	过程变量以浮点形式输入的值
PV_PER	WORD		W#16#0000	过程变量从外设直接输入的值
MAN	REAL	-100 ~ 100% 或者物理量	0.0	通过这个参数设定手动操作的值
GAIN	REAL		2.0	比例控制增益
TI	TIME	> = CYCLE	T#20s	决定积分器的响应时间
TD	TIME	> = CYCLE	T#10s	微分时间
TM_LAG	TIME	> = CYCLE/2	T#2s	微分器的延迟时间
LMN_HLM	REAL		100.0	操作值的最高限
LMN_LLM	REAL		0.0	操作值的最低限
PV_FAC	REAL		1.0	过程变量因子，调整过程变量的范围
PV_OFF	REAL		0.0	过程变量偏置，调整过程变量的范围
LMN_FAC	REAL		1.0	操作值因子，调整操作值的范围
LMN_OFF	REAL		0.0	操作值偏置，调整操作值的范围
I_ITLVAL	REAL	-100 ~ 100% 或者物理量	0.0	积分器的初始化值
DISV	REAL	-100 ~ 100% 或者物理量	0.0	输入的扰动变量
DEADE_W	REAL	-100 ~ 100% 或者物理量	0.0	死区宽度

(11)输出参数

输出参数如表 13.2 所示。

表 13.2　FB41 输出参数

参　数	数据类型	数据范围	默认值	描　述
LMN	REAL		0.0	以浮点形式输出的有效操作值
LMN_PER	WORD		W#16#0000	直接输出到外设的操作值
QLMN_HLM	BOOL		FALSE	手动操作值达到最高限设置为真
QLMN_LLM	BOOL		FALSE	手动操作值达到最低时设置为真
LMN_P	REAL		0.0	比例控制产生的操作值
LMN_I	REAL		0.0	积分控制产生的操作值
LMN_D	REAL		0.0	微分控制产生的操作值
PV	REAL		0.0	输出的有效过程变量
ER	REAL		0.0	输出的误差信号

13.2　实训原理

单容水箱液位控制系统方块图如图 13.2 所示。这是一个单回路反馈控制系统，它的控制任务是使水箱液位等于给定值所要求的高度，并减小或消除来自系统内部或外部扰动的影响。单回路控制系统由于结构简单、投资省、操作方便且能满足一般生产过程的要求，故它在过程控制中得到广泛的应用。

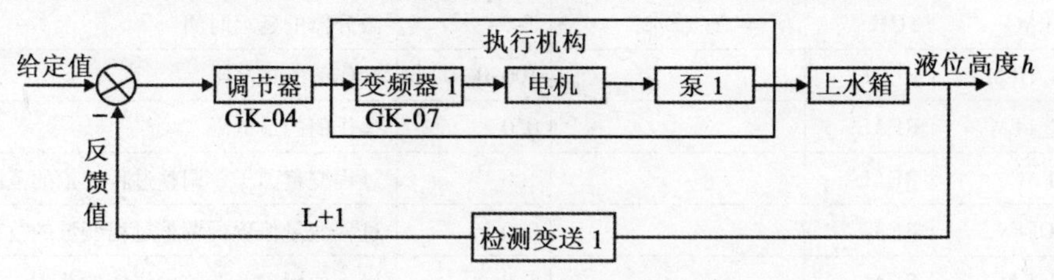

图 13.2　单容水箱液位控制系统方块图

当一个单回路系统设计安装就绪之后，控制质量的好坏与控制器参数的选择有着很大的关系。合适的控制参数，可以带来满意的控制效果。反之，控制器参数选择得不合适，则会导致控制质量变坏，甚至会使系统不能正常工作。因此，当一个单回路系统组成以后，如何整定好控制器的参数是一个很重要的实际问题。一个控制系统设计好以后，系统的投运和参数整定是十分重要的工作。

系统由原来的手动操作切换到自动操作时，必须为无扰动，这就要求调节器的输出量能及时地跟踪手动的输出值，并且在切换时应使测量值与给定值无偏差存在。

一般言之，具有比例(P)调节器的系统是一个有差系统，比例度 δ 的大小不仅会影响到余差的大小，而且也与系统的动态性能密切相关。对于比例积分(PI)调节器，由于积分的作用，不仅能实现系统无余差，而且只要参数 δ，Ti 选择合理，也能使系统具有良好的动态性能。比例积分微分(PID)调节器是在 PI 调节器的基础上再引入微分 D 的作用，从而使系统既无余差存在，又能改善系统的动态性能(快速性、稳定性等)。在单位阶跃作用下，P、PI 和 PID 调节系统的阶跃响应分别如图 13.3 中的曲线①、②、③所示。

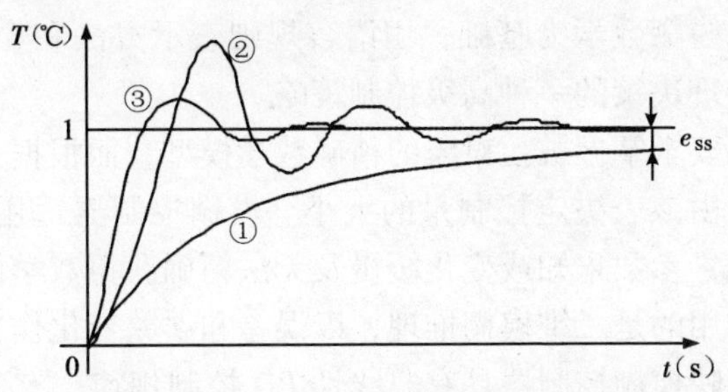

图 13.3　P、PI 和 PID 调节的阶跃响应曲线

13.3　操作步骤

操作步骤如下。

① 按图 13.2 所示，将系统接成单回路反馈系统。其中，被控对象是上水箱，被控制量是该水箱的液位高度 h_1。

② 启动工艺流程并开启相关的仪器，调整传感器输出的零点与增益。

③ 启动 WinCC 监控系统，为记录过渡过程曲线作好准备。

④ 上述步骤完成后，将水箱水放干，并将下水阀调至适当位置。接线，将 PC 机与 PLC 下载接口相连，打开各设备的供电电源。

⑤ 打开 STEP 7 编程软件，将程序下载到 PLC 中，运行 WinCC 组态软件，输入设定值及各个所需设置的参数。

⑥ 选择合适的 δ、Ti 和 Td，使系统的输出响应为一条较满意的过渡过程曲线(阶跃输入可由给定值从 50% 突变至 60% 来实现)。

⑦ 用计算机记录实训时所有的过渡过程实时曲线，并进行分析。

第 14 章　模糊 PID 控制在 S7-300 中的应用

14.1　模糊控制

模糊控制是以模糊数学为基础，用语言规则表示方法和先进的计算机技术，由模糊推理进行推理决策的一种高级控制策略。

模糊控制器不要求掌握被控对象的精确数学模型，而根据人工控制规则组织控制决策表，然后由该表决定控制量的大小。模糊控制器适用于大滞后、时变、非线性的复杂系统，参数未知或变化缓慢及无法精确获得数学模型时应用。

模糊控制中常用的是二维模糊推理，以误差和误差变化作为模糊推理系统的输入，这种结构反映模糊控制器具有非线性 PD 控制规律，有利于保证系统的稳定性，并可减少系统的超调量，削弱系统的振荡。

14.2　实训原理

PID 控制器具有结构简单、稳定性好、工作可靠、调整方便等优点。当被控对象的结构和参数不能完全掌握、得不到精确的数学模型时，采用 PID 控制技术最为方便。PID 控制器的参数整定是控制系统设计的核心。它是根据被控过程的特性来确定 PID 控制器的参数大小的。PID 控制原理简单、易于实现、适用面广，但 PID 控制器的参数整定是一件非常令人头痛的事。合理的 PID 参数通常由经验丰富的技术人员在线整定。在控制对象有很大的时变性和非线性的情况下，一组整定好的 PID 参数远远不能满足系统的要求。

模糊 PID 控制器，即利用模糊逻辑算法并根据一定的模糊规则对 PID 控制的比例、积分、微分系数进行实时优化，以达到较为理想的控制效果。模糊 PID 控制共包括参数模糊化、模糊规则推理、参数解模糊、PID 控制器等几个重要组成部分。计算机根据所设定的输入和反馈信号，计算实际位置和理论位置的偏差 e 以及当前的偏差变化 e_c，并根据模糊规则进行模糊推理，最后对模糊参数进行解模糊，输出 PID 控制器的比例、积分、微分系数。

单容水箱的数学模型可用一阶惯性环节来近似描述，且用下述方法求取对象的特征参数。

设水箱的进水量为 Q_1，出水量为 Q_2，水箱的液面高度为 h，出水阀固定于某一开度值。根据物料动态平衡的关系，求得

$$R_2 C \frac{\mathrm{d}\Delta h}{\mathrm{d}t} + \Delta h = R_2 \Delta Q \tag{14.1}$$

在零初始条件下，对式(14.1)求拉氏变换，得

$$G(s) = \frac{H(s)}{Q_1(s)} = \frac{R_2}{R_2 Cs + 1} = \frac{K}{Ts + 1} \tag{14.2}$$

式中，$T = R_2 \cdot C$ 为水箱的时间常数(注意：阀 V2 的开度大小会影响到水箱的时间常数)，$K = R_2$ 为过程的放大倍数，也是阀 V2 的液阻，C 为水箱的底面积。

本控制系统采用 THKGK-1 型过程控制实训装置，并用外部 S7-300 作为主控制器来实现水箱水位的闭环控制，控制结构图如图 14.1 所示。

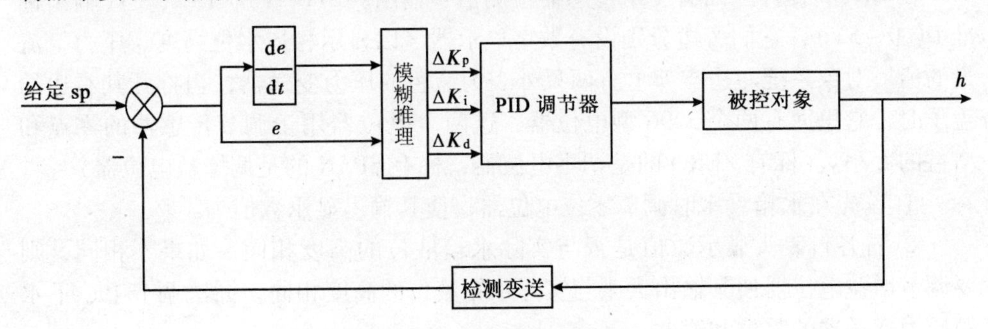

图 14.1　模糊控制结构图

水箱水位高度信号经 A/D 转换进入 PLC 内，在运行过程中不断计算出 e 和 e_c，根据这两个参数进行查表运算，实现对 ΔK_p、ΔK_i、ΔK_d 三个参数的在线修改，然后由 PLC 运算后经 D/A 转换得出控制作用输出 u，通过 u 来控制变频器的输出，进而实现对水泵的转速控制，最终达到控制水位的目的。

实训连接图如图 14.2 所示。

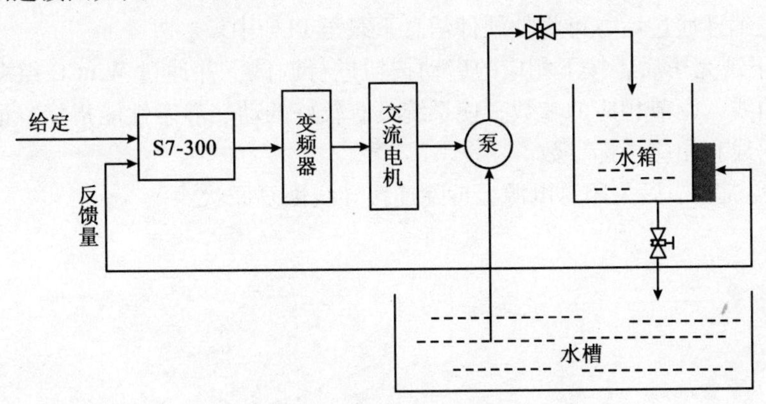

图 14.2　实训连接图

14.3　操作步骤

(1)设备组装与检查

① 将 GK-02、GK-03、GK-04、GK-07 挂箱由右至左依次挂于实验屏上，并将挂件的三芯蓝插头插于相应的插座中。

② 先打开空气开关再打开钥匙开关，此时停止按钮红灯亮。

③ 按下启动按钮，此时交流电压表指示为 220V，所有的三芯蓝插座得电。

④ 关闭各个挂件的电源进行连线。

(2)仪表调整(仪表的零位与增益调节)

在 GK-02 挂件上面有 4 组传感器检测信号输出：LT1、PT、LT2、FT(输出标准 DC 0 ~ 5V)，它们旁边分别设有数字显示器，以显示相应水位高度、压力、流量的值。对象系统左边支架上有两只外表为蓝色的压力变送器，当拧开其右边的盖子时，它里面有两个 3296 型电位器，这两个电位器用于调节传感器的零点和增益的大小。(标有 ZERO 的是调零电位器，标有 SPAN 的是调增益电位器)

① 首先在水箱没水时调节零位电位器，使其输出显示数值为零。

② 看各自表头显示数值是否与实际水箱液位的高度相同，如果不相同，则要调节增益电位器使其输出大小与实际水箱液位的高度相同，同法调节上、下水箱压力变送器的零位和增益。

③ 按上述方法对压力变送器进行零点和增益的调节，如果一次不够，可以多调节几次，使得实训效果更佳。

(3)系统接线及调试

① 上述步骤完成后，将水箱水放干，并将下水阀调至适当位置。按 14. 2 图接线，将 PC 机与 PLC 下载接口相连，打开各设备的供电电源。

② 在 PC 中打开 STEP 7 软件，读懂附件中的程序，并将其导入 STEP 7 中进行编译，编译通过后方可将软硬件信息下载至 PLC 中。

③ 下载完毕后，按下相应的启动按钮进行调试，并通过 WinCC 组态软件观察响应曲线，调节相应的参数，使系统具有较好的动、静态性能指标，记录最终的响应曲线和相应指标参数。

④ 实训完毕后关闭总电源，拆除连接导线恢复原状。

第 15 章　BP 神经网络自学习 PID 算法在 S7-300 中的应用

15.1　BP 神经网络自学习 PID

经典增量式数字 PLD 的控制算法为

$$u(k) = u(k-1) + K_{\mathrm{p}}(error(k) - error(k-1)) + K_{\mathrm{i}}error(k) + K_{\mathrm{d}}(error(k) - 2error(k-1) + error(k-2)) \tag{15.1}$$

式中，K_{p}，K_{i}，K_{d} 分别为比例系数、积分系数、微分系数。

BP 学习过程可以描述如下。

(1)工作信号正向传播

输入信号从输入层经隐藏层传向输出层，在输出端产生输出信号，这是工作信号的正向传播。在信号的向前传递过程中网络的权值是固定不变的，每一层神经元的状态只影响下一层神经元的状态。如果在输出层不能得到期望的输出，则转入误差信号反向传播。

(2)误差信号反向传播

网络的实际输出与期望值之差即为误差信号，误差信号由输出端开始逐层向前传播，此即误差信号的反向传播。在误差信号反向传播的过程中，网络的权值由误差反馈进行调节。

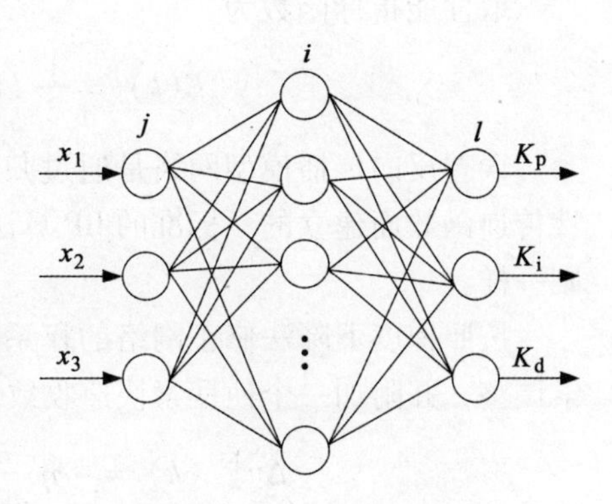

图 15.1　BP 网络结构图

根据 Kolmogorv 定理，任何一个连续函数可由一个 3 层前向网络来实现，采用具有 3 层神经元的网络模型(见图 15.1)包括输入层、隐含层和输出层。输入层与隐含层各节点之间、隐含层与输出层各节点之间都用权来连接。

下面介绍前向算法。

网络输入层的输出输入关系为

$$O_j^{(1)} = x_{(j)} \quad (j = 1,2,\cdots,M) \tag{15.2}$$

式中，上角标(1)代表输入层，输入变量的个数 M 取决于被控系统的复杂程度。

网络隐含层的输入输出为

$$net_i^{(2)}(k) = \sum_{j=0}^{M} w_{ij}^{(2)} O_j^{(1)} \tag{15.3}$$

$$O_i^{(2)}(k) = f(net_i^{(2)}(k)) \quad (i = 1,2,\cdots,Q) \tag{15.4}$$

式中，$w_{ij}^{(2)}$ 为隐含层加权系数，上角标(1)代表隐含层。隐含神经元的活化函数取正负对称的 Sigmoid 函数：

$$f(x) = \tanh(x) = \frac{e^x - e^{-x}}{e^x + e^{-x}} \tag{15.5}$$

网络输出层的输入输出为

$$net_l^{(3)}(k) = \sum_{i=0}^{Q} w_{li}^{(3)} O_i^{(2)} \tag{15.6}$$

$$O_l^{(3)}(k) = g(net_l^3(k)) \quad (l = 1,2,3) \tag{15.7}$$

$$O_1^{(3)}(k) = K_p \tag{15.8}$$

$$O_2^{(3)}(k) = K_i$$

$$O_3^{(3)}(k) = K_d \tag{15.9}$$

输出层、输出节点分别对应 3 个可调参数 K_p，K_i，K_d。由于 K_p，K_i，K_d 不能为负值，所以输出层神经元的活化函数取非负的 Sigmoid 函数：

$$g(x) = \frac{1}{2}(1 - \tanh(x)) = \frac{e^x}{e^x + e^{-x}} \tag{15.10}$$

取性能指标函数为

$$E(k) = \frac{1}{2}(rin(k) - yout(k))^2 \tag{15.11}$$

误差反向传播模型网络是通过归纳多层网络的 Widrow-Hoff 学习规则和非线性传递函数而建立的。标准的 BP 算法是梯度下降算法，就像 Widrow-Hoff 学习规则一样。

按照梯度下降法修正网络的权系数，即按 $E(k)$ 对加权系数的负梯度方向搜索调整，并附加一个使搜索快速收敛全局极小的惯性项：

$$\Delta w_{li}^{(3)}(k) = -\eta \frac{\partial E(k)}{\partial w_{li}^{(3)}(k)} + \alpha \Delta w_{li}^{(3)}(k-1) \tag{15.12}$$

式中，η 为学习速率；α 为惯性系数。

$$\frac{\partial E(k)}{\partial w_{li}^{(3)}} = \frac{\partial E(k)}{\partial y(k)} \cdot \frac{\partial y(k)}{\partial \Delta u(k)} \cdot \frac{\partial \Delta u(k)}{\partial O_l^{(3)}(k)} \cdot \frac{\partial O_l^{(3)}(k)}{\partial net_l^{(3)}(k)} \cdot \frac{\partial net_l^{(3)}(k)}{\partial w_{li}^{(3)}(k)} \tag{15.13}$$

$$\frac{\partial net_l^{(3)}(k)}{\partial \omega_{li}^{(3)}(k)} = O_i^{(2)}(k) \tag{15.14}$$

由于 $\frac{\partial y(k)}{\partial \Delta u(k)}$ 未知，所以近似用符号函数 $\mathrm{sgn}\left(\frac{\partial y(k)}{\partial \Delta u(k)}\right)$ 取代，由此带来的计算不精确的影响可以通过调整学习速率 η 来补偿。

由式(15.9)和式(15.13)，可求得

$$\frac{\partial \Delta u(k)}{\partial O_1^{(3)}(k)} = e(k) - e(k-1) \tag{15.15}$$

$$\frac{\partial \Delta u(k)}{\partial O_2^{(3)}(k)} = e(k) \tag{15.16}$$

$$\frac{\partial \Delta u(k)}{\partial O_3^{(3)}(k)} = e(k) - 2e(k-1) + e(k-2) \tag{15.17}$$

上述分析可得网络输出层权值的学习算法为

$$\Delta w_{li}^{(3)}(k) = \alpha \Delta w_{li}^{(3)}(k-1) + \eta \delta_l^{(3)} O_i^{(2)}(k) \tag{15.18}$$

$$\delta_l^{(3)} = e(k)\mathrm{sgn}\left(\frac{\partial y(k)}{\partial \Delta u(k)}\right)\frac{\partial \Delta u(k)}{\partial O_l^{(3)}(k)} g'(net_l^{(3)}(k)) \quad (l=1,2,3) \tag{15.19}$$

同理可得隐含层加权系数的学习算法：

$$\Delta w_{ij}^{(2)}(k) = \alpha \Delta w_{ij}^{(2)}(k-1) + \eta \delta_i^{(2)} O_j^{(1)}(k) \tag{15.20}$$

$$\delta_i^{(2)} = f'(net_i^{(2)}(k)) \sum_{l=1}^{3} \delta_l^{(3)} w_{li}^{(3)}(k) \quad (i=1,2,\cdots,Q) \tag{15.21}$$

式中

$$f'(x) = \frac{4}{(\mathrm{e}^x + \mathrm{e}^{-x})^2} \tag{15.22}$$

$$g'(x) = \frac{2}{(\mathrm{e}^x + \mathrm{e}^{-x})^2} \tag{15.23}$$

15.2　实训内容

本设计以水箱的液位为控制对象，根据神经网络 BP 算法对常规 PID 控制器的 3 个控制参数 K_p，K_i，K_d 进行在线调整，再由 PID 调节器的输出调节变频器的频率大小，进而调节水泵的转速。由于水泵转速控制水的流量大小，从而控制了水箱的液位高度，并采用压力传感器检测液位高度，同时与给定值作比较，将偏差送至 PID 调节器和 BPNN 网络，神经网络在每一个采样周期都调整其加权系数，使 PID 控制器可调参数 K_p，K_i，K_d 满足控制系统的要求。调节器反复调节控制输出，控制液位的高度，直到使液位保持稳定。其系统架构图如图 15.2 所示。

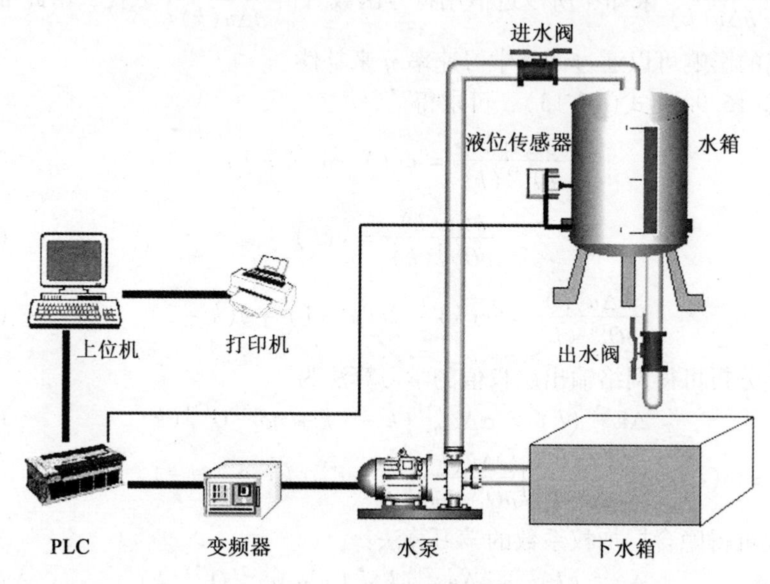

图 15.2　系统架构图

15.3　操作步骤

操作步骤如下。

(1)设备组装与检查

① 将 GK-02、GK-07 挂箱由右至左依次挂于实验屏上，并将挂件的三芯蓝插头插于相应的插座中。

② 先打开空气开关再打开钥匙开关，此时停止按钮红灯亮。

③ 按下启动按钮，此时交流电压表指示为 220V，所有的三芯蓝插座得电。

④ 关闭各个挂件的电源进行连线。

(2)系统接线

① 反馈支路。在 GK-02 挂件上面有一组传感器检测信号输出：LT1(输出标准 DC 0～5V)，它旁边设有数字显示器，以显示相应水位高度的值。将其输出接到西门子 S7-300PLC 调节器的模拟量“输入”端。

② 控制支路。将西门子 S7-300PLC 调节器的模拟量“输出”端接到 GK-07 变频器的“2”与“5”两端(注意：2 正、5 负)；将 GK-07 变频器的输出“A、B、C”接到 GK-01 面板上三相异步电机的“U2、V2、W2”输入端；GK-07 的“SD”与“STR”短接，使电机正转打水(若此时电机为反转，则“SD”与“STF”短接)。硬件接线图如图 15.3 所示。

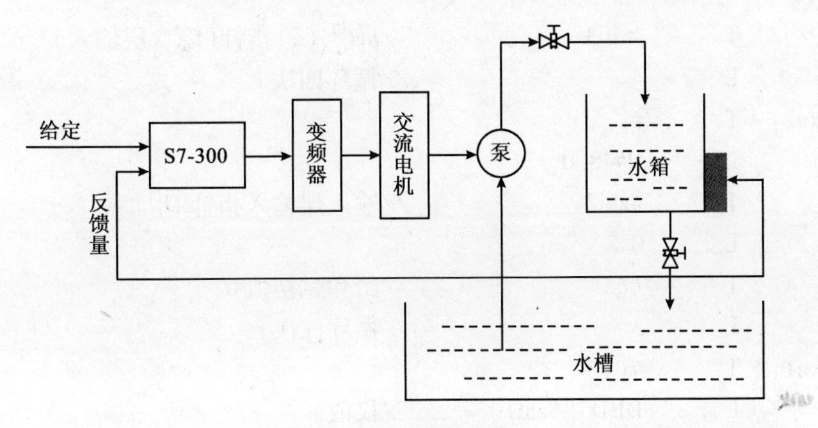

图 15.3　硬件结构图

(3) 仪表调整(液位传感器的零位与增益调节)

在 GK-02 挂件上面有一组传感器检测信号输出：LT1(输出标准 DC 0 ~ 5V)，它旁边设有数字显示器，以显示相应水位高度的值。对象系统左边支架上有两只外表为蓝色的压力变送器，当拧开其右边的盖子时，它里面有两个 3296 型电位器，这两个电位器用于调节传感器的零点和增益的大小(标有 ZERO 的是调零电位器，标有 SPAN 的是调增益电位器)。将对应水箱里面的水放空，同时使其输出显示数值为零，调节传感器的调零电位器的大小，用万用表测量其输出，直到使其输出电压为零为止。将水箱的出水阀关闭，打开进水阀的阀门，手动向水箱注水，使其输出显示数值为 10cm 处，调节增益电位器，使其输出电压为 2V。至此，液位传感器调整完毕。

(4) 编　程

本系统主控制器采用了西门子 S7-300PLC，其紧凑的结构、良好的扩展性能、强大的指令系统为 BP 神经网络算法的实现提供了一个广阔的平台。上位机采用 WinCC 组态软件对整个系统的运行状态进行实时监控。

利用 S7-300 编程软件中的共享 DB 存放初始权值 w_i，w_o 和权值增量 Δw_i，Δw_o 等大量的运算数据，并采用语句表编程语言，使整个程序的复杂程度大大降低。

部分程序编写如下。这段程序完成了从输入层到隐含层的正向传递。此程序等效为

$$net_i^{(2)}(k) = \sum_{j=0}^{M} w_{ij}^{(2)} O_j^{(1)}$$

```
L       P#0.0
T       #zhi1           //权值 wij指针
L       P#60.0
```

```
      T      #zhi3              //net_i^(2)(k)指针(隐含层输入)
      L      4                  //循环四次 i
xu2:  T      #i
      L      P#48.0
      T      #zhi2              //输入层输入指针 O_j^(1)
      L      0
      T      #he                //给和赋初值0
      L      3                  //循环三次 j
xu1:  T      #j
      L      DBD [#zhi1]        //权值 w_ij
      L      DBD [#zhi2]        //输入 O_j^(1)
      *R
      T      #aw                //net_i^(2)(k) = w_ij O_j^(1)
      L      #aw
      L      #he
      +R
      T      #he                //隐含层的输入 net_i^(2)(k) = Σ_{j=0}^{M} w_ij^(2) O_j^(1)
      L      #zhi1
      L      P#4.0
      +D
      T      #zhi1              //指针循环加一个双字
      L      #zhi2
      L      P#4.0
      +D
      T      #zhi2              //指针循环加一个双字
      L      #j
      LOOP   xu1                //循环次数 j 减一
      L      #he                //隐含层的输入 net_i^(2)(k) = Σ_{j=0}^{M} w_ij^(2) O_j^(1)
      T      DBD[#zhi3]         //隐含层输入放到数组中
      L      #zhi3
      L      P#4.0
      +D
      T      #zhi3              //指针循环加一个双字
      L      #i
```

```
LOOP    xu2                        //循环次数i减一
```

(5)调试步骤

① 首先，打开水箱上水阀并将下水阀打开一定的开度。

② 启动各个挂件的电源。再次检查各个回路是否通电。检查仪表显示是否正常。

③ 打开STEP 7编程软件，将程序下载到PLC中，运行WinCC组态软件，输入设定值及各个所需设置的参数。

④ 按下启动按钮启动系统。

⑤ 观察变频器的输出显示，并观察上水阀门的出水情况是否正常，记录WinCC组态画面的显示曲线。

⑥ 观察显示曲线是否达到预期效果，如果没有，调整各个参数并重新下载程序，返回步骤④直到输出理想的响应曲线。

⑦ 实训完毕后关闭总电源，拆除连接导线，恢复原状。